ZUR BEHANDLUNG BAUSTATISCHER AUFGABEN ALS RANDWERTPROBLEME

VON

Dr.-Ing. KARL SCHÄFER

MIT 47 TEXTABBILDUNGEN

MÜNCHEN UND BERLIN 1931
VERLAG VON R. OLDENBOURG

Druck von R. Oldenbourg, München und Berlin.

Vorwort.

Der Behandlung baustatischer Aufgaben als Randwertprobleme entspricht, in der üblichen Statik der Baukonstruktionen, die Einteilung der Tragwerke nach bestimmten Systemen. Die begriffliche Formulierung der Systeme stützt sich dabei im wesentlichen auf sogenannte Auflagerbedingungen, beispielsweise bei dem einfachen Balken auf eine feste Einspannung, auf feste — gleitende — und rollende Lager usw. Im Grunde sind dies aber nur Aussagen über bestimmte Werte von Kraft- oder Spanngrößen. Erst in der Statik der statisch unbestimmten Systeme treten geometrische Bedingungen, als da sind Angaben über Verschiebungen und Verdrehungen von ausgezeichneten Punkten oder Graden, in den Vordergrund der Untersuchungen. Dabei ist die Beobachtung zu machen, daß bei dieser Art der Angabe von Auflagerbedingungen fast nur Extremwerte der genannten Größen in Rechnung gezogen werden.

In Wirklichkeit kommen diese ausgezeichneten Werte fast nie vor, es sei denn, daß sie durch besondere Maßnahme bewirkt und für die Dauer sichergestellt werden. Daß in der Überzahl der Fälle diese Annahmen erlaubt sind, soll nicht bestritten werden, doch existieren auch genügend Fälle, bei denen erhebliche Abweichungen die Regel bilden. Erwähnt seien nur die eingespannten Gewölbe, die Druckstäbe von Stabwerken und insbesondere die Stützen. Dem vorherrschenden Einfluß der sogenannten Euler-Gleichung ist es zuzuschreiben, daß bei Knickstäben in der Regel nur die bekannten vier Belastungsfälle behandelt wurden. Nicht selten sind deshalb, weil eine Stütze oder Druckstab nun unter einen dieser vier Fälle subsummiert werden sollte, erhebliche Fehler in der Querschnittsbemessung vorgekommen. Eine volle Übersicht über derartige Aufgaben wird aber erst dann erreicht, wenn die allgemeinsten Auflager- oder Randbedingungen, wie sie insbesondere hier genannt werden sollen, in den Vordergrund der Betrachtungen gestellt werden.

Der erwähnte Aufbau der Statik auf Grund der Eigenart der verschiedenen Tragsysteme hat auch dazu geführt, bei der Durchführung der Untersuchungen solche Verfahren zu bevorzugen, die in weitestem Umfange ihre Grundlage in der Mechanik haben. Als Folge hiervon zeigt jedes System einen mehr oder weniger stark ausgeprägten, selbständigen Charakter, und diese Besonderheiten treten dann hinter allgemeine Betrachtungen zurück, wenn es gelingt, eine Reihe von Tragsystemen so zusammenzufassen, daß sie analytisch von einer einzigen Differential- oder Differenzengleichung beherrscht werden und ihre Besonderheiten sich lediglich in den dazugehörigen Randbedingungen wiederfinden. Der letztgenannte Weg, der in dem vorliegenden Buche beschritten werden soll, stellt auch geometrische Dinge als solche wieder in den Vordergrund, wo ihre Eigenart unter mechanischen Betrachtungen zurücktrat. Erwähnt sei hier nur das sogenannte *w* Gewicht, was im Grunde doch nur eine Winkeländerung ist und bei dem schon begrifflich viel gewonnen würde, wenn es als *w* Änderung bezeichnet würde. Die vorliegende, stärker nach der mathematischen Seite neigende Durchführung von Aufgaben dürfte auch geeignet sein, besonderen Nutzen aus der wertvollen Arbeit zu ziehen, welche die Mathematiker auf den in Frage kommenden Gebieten geleistet haben. Hierin liegt weiter eine Möglichkeit zu einer Gemeinschaftsarbeit zwischen Mathematiker und Ingenieur, die nach Ansicht hervorragender Fachgelehrter, zu gemeinsamem Nachteil nicht genügend gepflegt worden ist. Da nun aber auch der hier eingeschlagene Weg in seinem weiteren Verlauf den Ingenieur auf neue Betrachtungsweisen führt, die in der modernen Physik besondere Bedeutung erlangt haben, und die Ergebnisse in vielen Fällen von einer für die praktische Anwendung erwünschten Einfachheit sind, hoffe ich, mit dieser kleinen Schrift, die aus meiner, von der Technischen Hochschule Darmstadt, Referent Prof. Dr.-Ing. Kammer, Korreferent Prof. Dr. Walther, genehmigten Dissertation hervorgegangen ist, auf Rechnungsmethoden hingewiesen zu haben, die in der Statik der Baukonstruktionen mit großem und wachsendem Nutzen herangezogen werden können.

Karl Schäfer.

Inhaltsverzeichnis.

Einleitung.

Betrachtet man das vorliegende Schrifttum über Baustatik, so fällt der ungeheure Reichtum an verschiedenen oder verschieden scheinenden Methoden auf, welche zur Lösung irgendeiner Aufgabe herangezogen werden können. Bezeichnend für fast alle diese besonderen Rechnungsverfahren ist, daß sie mehr oder weniger der Lösung einer speziellen Aufgabe angepaßt sind. Dementsprechend ist auch der Bereich der Aufgaben, welcher durch ein für ihn besonders geeignetes Lösungsverfahren beherrscht wird, mehr oder weniger beschränkt. Als einzige allgemeine und auch fast stets zweckmäßige Methode hat sich lediglich das Prinzip der virtuellen Verrückungen erwiesen. Insbesondere sind unter seiner konsequenten Anwendung die häufigst vorkommenden ebenen und zum Teil räumlichen Tragwerke untersucht worden. Dagegen hat man sich bei den in jüngster Zeit wieder sehr im Vordergrund des Interesses stehenden Untersuchungen auf dem Gebiete der Platten, Schalen, Scheiben usw. fast ausschließlich analytisch-mechanischer Methoden zur Aufstellung der jeweiligen Differentialgleichungen bedient und die endgültige Lösung der Aufgabe dann als Lösung eines Randwertproblems erhalten. Das Ziel der nachfolgenden Untersuchungen ist, auf dem zuletzt genannten Wege eine Reihe von eindimensionalen Aufgaben aus der Statik der Baukonstruktionen zu behandeln, welche von Differential- bzw. Differenzengleichungen zweiter bzw. vierter Ordnung beherrscht werden. Die notwendigen mathematischen Hilfsmittel sind der bereits vorhandenen Literatur entnommen und in den §§ 4 und 7 in einer dem Ingenieur erwünschten, übersichtlichen Weise zusammengestellt oder an anderen Orten besonders entwickelt. Die vollständige Lösung einer Aufgabe, welche stets der Differential- bzw. Differenzengleichung und außerdem den Randbedingungen genügt, wird mit Hilfe der Greenschen Funktion angegeben, deren Ermittlung also zum Kernpunkt der ganzen Aufgabe wird. Dabei ergibt sich u. a. vollkommene Klarheit über den Charakter eines Problems (z. B. in bezug auf Linearität) und eine geschlossene Übersicht über die Lösungen. Ferner werden allgemeine Lösungen in einer derart einfachen Form erhalten, daß auch eine zahlenmäßige Auswertung mit Hilfe der im Anhang beigegebenen Tabellen leicht möglich ist bzw. durchaus geboten erscheint. Die betrachteten Beispiele deuten zur Genüge an, welch vielseitiger Anwendung die so erhaltenen allgemeinen Lösungen fähig sind. Die in § 8 gezeigte Berechnung eines Durchlaufbalkens wurde zum ersten Male im Jahre 1919 benutzt bei der Untersuchung von umfangreichen Eisenbetonarbeiten im Hauptbahnhof zu Frankfurt a. M. und ist — unter Beschränkung auf die gemachten Voraussetzungen — von einer kaum zu überbietenden Einfachheit. Hierbei wurde auch das rein mathematisch beachtliche Ergebnis gefunden, wonach der Wert der Determinante zur Bestimmung der Konstanten in den Ausdrücken für die Greensche Funktion gleich dem Werte ist, welchen die gewählte Partikularlösung $\eta_1(\nu)$ [s. Gl. 2 u. 30, § 8 ff. sowie die Abb. 27 u. 30] an dem Bereichende annimmt, welches hier dem mit $(n+1)$ bezeichneten Stützpunkte entspricht. Da nun, wie weiter in einfacher Weise gezeigt wird, die Greensche Funktion aus den Werten der ersten Partikularlösung $\eta_1(\nu)$ im Bereichinnern, d. i. an den Stellen $\nu = 1, 2 \ldots n$ und der oben erwähnten Determinante aufgebaut wird und, je nach dem Grade der statischen Unbestimmtheit, jeder innere Punkt auch zum Randpunkt werden kann, so ergibt sich das außerordentlich einfache Ergebnis, daß man mit der Kenntnis von nur einer Partikularlösung den ganzen Aufgabenkreis beherrscht. Den der gewählten Partikularlösung $\eta_1(\nu)$ zukommenden Zahlenwerten begegnet man sehr häufig in der Fachliteratur, daneben eignet sich die Lösung für beliebiges ϱ (s. Tabelle I im Anhang) besonders zur Bestimmung von Eigenwerten und Eigenlösungen (vgl. hierzu Timoschenko, Vibration Problems in Engineering, S. 125) und auch aus diesen Gründen dürfte die gegebene Übersicht durchaus erwünscht sein.

Die Ergebnisse in § 6 sind meines Wissens statisch durchaus neu und zeigen den Zusammenhang der verschiedenen Einflußlinien bzw. weisen sie den Weg, wie aus einer Einflußlinie höherer Ordnung, lediglich durch Differentiation nach dem Aufpunkt, alle niederen Einflußlinien folgen und durch wiederholte Differentiation derselben Gleichung nach der laufenden Koordinate, die Werte der Spannkräfte selbst erhalten werden. Ein einfaches Beispiel, welches nur in seinen Grundzügen angedeutet ist, zeigt, wie die erhaltenen Resultate auch zur Untersuchung eines elastisch gestützten Stabes herangezogen werden können.

In § 9 wird ein Rechnungsverfahren zur Bestimmung der Biegelinie von Druckstäben entwickelt, welche beliebig belastet sind. Praktisch am geeignetsten dürfte, wie in dem beigegebenen Beispiel gezeigt ist, die Untersuchung unter Benutzung von Differenzengleichungen sein, daneben aber kann auch unter Umständen mit großem Vorteil das Ritzsche Verfahren — worauf hier nicht eingegangen ist — herangezogen werden.

Die Behandlung von Aufgaben der vorgenannten Art mit Hilfe von Differenzengleichungen liefert nicht nur ein in allen praktischen Fällen einfaches Rechnungsverfahren, sondern zeigt auch, welche Beachtung in der Baustatik die Eigenwertprobleme verdienen, die in der modernen Mathematik und Physik eine grundlegende Bedeutung erlangt haben.

Schließlich zeigen die Untersuchungen, vgl. § 4 im Zusammenhang mit den Ergebnissen des § 8, daß die Behandlung einer Aufgabe als Randwertproblem nicht nur schnell zur Aufstellung von Bedingungsgleichungen führt, sondern auch auf diese selbst wieder angewandt werden kann; das ist ein Vorzug, der dem Prinzip der virtuellen Verrükkungen nicht zukommt.

§ 1. Problemstellung.

Eine auch nur kurze Durchmusterung des Gebietes der Baustatik und der Elastizitätstheorie zeigt, daß je nachdem es sich um Balken oder Fachwerke, stetige oder Punktbelastung handelt, eine große Anzahl von Aufgaben durch die Differentialgleichung

$$\text{1)}\qquad \frac{d^2 u}{d x^2} = -\varphi(x)$$

oder durch die entsprechende Differenzengleichung

$$\text{2)}\qquad \frac{\Delta^2 u(\nu)}{\Delta x^2} = \frac{u_{\nu-1} - 2 u_\nu + u_{\nu+1}}{\Delta x^2} = -\Phi(\nu)$$

beherrscht wird. Um einige Beispiele zu nennen, sei bemerkt, daß Gl. 1 mit $u = y$ und $\varphi(x) = \dfrac{M(x)}{E J(x)}$ die bekannte Differentialgleichung der Biegelinie und mit $u = M(x)$ und $\varphi(x) = p(x)$ die entsprechende Differentialgleichung für die Biegemomente eines Balkens bedeutet. In Gl. 2, welche weiter nichts als die Umschreibung von Gl. 1 in Differenzenform ist, erkennt man z. B. mit $u_m = \delta_m$ und $\Phi(m) = w_m$ die Differenzengleichung der Fachwerkbiegung nnd des Seilpolygons wieder. Neben der Gl. 2 tritt noch die Differenzengleichung zweiter Ordnung in einer etwas von 2) verschiedenen Form auf, und diese soll unter Benutzung des Operationssymbols $D(\ldots)$ wie folgt geschrieben werden:

$$\text{3)}\qquad D(u_\nu) \equiv u_{\nu-1} + \varrho\, u_\nu + u_{\nu+1} = R_\nu .$$

Auf diese etwas verallgemeinerte Differenzengleichung sind viele Aufgaben der Baustatik unter entsprechenden Vereinfachungen zurückgeführt worden. Mit $u_\nu = \mathsf{M}_\nu$ und $\varrho = 4$ stellt sie die Bertot-Clapeyronsche Dreimomentengleichung dar. Kennt man nun die vollständige Lösung der vorstehenden Gl. 1), 2), 3), so überblickt man bereits ein weites Feld von Aufgaben, soweit es sich nicht um Stabilitäts- oder Schwingungsprobleme handelt, welche auch unter der Bezeichnung „Eigenwertprobleme" bekannt sind. Bei den letztgenannten Aufgaben, welche zu den schwierigeren der Statik und Festigkeitslehre gehören, erfahren die Gl. 1) u. 2), die hier in erster Linie in Frage kommen, noch eine Erweiterung, d. h. sie lauten in diesen Fällen

$$\text{1 a)}\qquad \frac{d^2 u}{d x^2} + \lambda u = -\varphi(x)$$

und analog

$$2\text{a)}\qquad \frac{\Delta^2 u_\nu}{\Delta x^2} + \lambda u_\nu = \frac{u_{\nu-1} - 2 u_\nu + u_{\nu+1}}{\Delta x^2} + \lambda \mu_\nu = -\Phi(\nu).$$

Im Grunde genommen hängen die vorstehenden Gleichungen, soweit sie statische Probleme betreffen, eng mit folgender Gleichung 4. Ordnung zusammen

$$4)\qquad E \cdot \frac{d^2}{d x^2}\left(J(x) \cdot \frac{d^2 y}{d x^2}\right) = + p(x).$$ [1]

Dieser Zusammenhang ist später bei der Angabe von Randbedingungen von grundlegender Bedeutung, und deshalb soll dieser in den folgenden Gleichungen kurz angegeben werden. Es ist unter der bekannten Annäherung, wenn r den Krümmungsradius der elastischen Linien und τ den Kontingenzwinkel bedeutet,

$$5)\qquad \frac{1}{|r|} = \frac{d\tau}{dx} = \frac{d^2 y}{d x^2} = -\frac{M(x)}{E J(x)},$$

woraus durch Umkehrung

$$6)\qquad M(x) = -E J(x) \frac{d^2 y}{d x^2}.$$

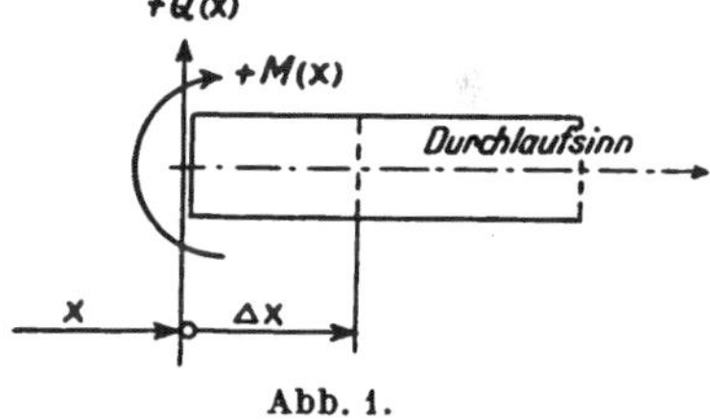

Abb. 1.

Hieraus folgt unter der üblichen Definition für die Querkraft

$$7)\qquad \frac{dM}{dx} = + Q(x) = -E \frac{d}{dx}\left(J(x) \cdot \frac{d^2 y}{d x^2}\right)$$

und daraus durch nochmalige Differentiation wieder die Gl. 4.

Die folgenden Untersuchungen beschränken sich auf die, durch die angeführten Differential- und Differenzengleichungen beherrschten Probleme.

§ 2. Randbedingungen.

Die oben angeschriebenen Differential- und Differenzengleichungen, die fernerhin kurz als d, Δ-Gleichungen bezeichnet werden sollen, stellen jeweils eine Bedingung dar, welcher die unbekannte Funktion u innerhalb eines bestimmten Intervalles a, b genügen muß und die ohne Rücksicht auf die Randbedingungen immer Gültigkeit haben. Daraus folgt aber, daß die in allgemeiner Form angeschriebene Lösung der d, Δ-Gleichungen nicht die Lösung einer Einzelaufgabe sein kann, sondern diese wird erst unter Auswertung der für das jeweilige Problem charakteristischen Randbedingungen erreicht. Die für die Anwen-

Abb. 2.

[1]) Vergl. hierzu Beyer, Eisenbetonbau, Entwurf und Berechnung III.

dung wichtigsten Randbedingungen folgen aus der Art der Auflagerung und Einspannung eines elastischen Tragwerks, und zu ihrer Angabe dienen zum Teil die Gl. 5), 6), 7) von § 1. Hierzu kommen noch Aussagen über den Wert der Funktion u selbst, z. B.

1) $$u(a) = u(b) = 0$$

oder bei beiderseitiger starrer Einspannung eines Balkens verschwindet die Tangente der Biegelinie an der Einspannstelle, d. h. dann ist

2) $$u'(a) = u'(b) = 0.$$

Von rein statischem Gesichtspunkt aus betrachtet, kommt den Randbedingungen noch eine tiefere Bedeutung zu. Sind nämlich mehr Randbedingungen zu erfüllen als die Ordnung der jeweils vorliegenden d, Δ-Gleichung verlangt, so ist die Lösung der Aufgabe mathematisch überbestimmt oder, entsprechend den Bezeichnungsweisen der Statik, statisch unbestimmt. In allen diesen Fällen aber ist $\varphi(x)$ bzw. $\Phi(\nu)$ von der Gestalt, daß neben der Veränderlichen x noch Parameter $X_1\ X_2 \ldots . X_n$ auftreten (auch andere Bezeichnungen, z. B. $M_1, M_2 \ldots . M_n$ sind gebräuchlich), und diese Parameter sind die statisch unbestimmten Größen in der Sprechweise des Ingenieurs. Die Anzahl der überzähligen Randbedingungen stimmt mit der Anzahl der Parameter, d. h. der statisch unbestimmten Größen überein und damit ist ein System von Bedingungsgleichungen gewonnen, dem die $X_1, \ldots X_n$ genügen müssen. Diese Bedingungsgleichungen, die man in Gegensatz zu einfachen Rechnungsgleichungen, bei denen also die Anzahl der Randbedingungen mit der Ordnung der d, Δ-Gleichungen übereinstimmt, stellen kann, entsprechen den Elastizitätsgleichungen der Statik.

Von den jeweils zu wählenden Randbedingungen muß man allgemein fordern:

a) daß sie linear unabhängig und
b) für den jeweils vorliegenden Fall charakteristisch sind, d. h. daß sie den jeweils vorliegenden Fall einwandfrei beschreiben.

Es soll noch bemerkt werden, daß sich die folgenden Untersuchungen fast ausschließlich auf die Randbedingungen $u(a) = u(b) = 0$ beschränken. Den Werten a und b entsprechen dabei in der Regel die Werte 0 und l bzw. 0 und 1.

§ 3. Allgemeines über die Greensche Funktion.

Als das geeignetste Hilfsmittel zur Lösung von Randwertaufgaben hat sich u. a. die Greensche oder, wie sie auch weiter genannt wird, die Einflußfunktion erwiesen. Sie stellt im Grunde genommen nichts anderes als eine vollständige Lösung $u(x)$ einer d, Δ-Gleichung dar, bei der die rechte Seite $\varphi(x)$, die, um eine allgemeine Benennung für sie zu haben, als Lastfunktion bezeichnet werden soll, in eine Punktbelastung $P(\xi) = 1$ ausgeartet ist. Um anzudeuten, daß diese Lösung u in x entstanden sein soll durch die Ursache 1 in ξ, schreibt man sie zweckmäßig in folgenden Formen

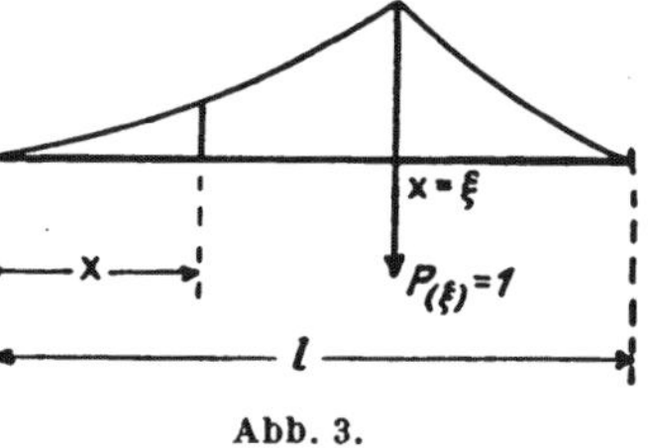

Abb. 3.

1) $$u = u(x, \xi) = G(x, \xi) = \eta(x, \xi),$$

wo die Bezeichnungen $G(\,)$ bzw. $\eta(\,)$ andeuten sollen, daß die Greensche oder Einflußlösung gemeint ist. Wäre für eine Anzahl von Wirkungspunkten $\xi_1, \xi_2 \ldots . \xi_n$ die jeweiligen $G(x, \xi_\nu) = \eta(x, \xi_\nu)$, wo $(\nu = 1, 2, \ldots . n)$ bekannt, so würde offenbar bei festgehaltenem x

2) $$u(x) = \sum_{\nu=1}^{n} G(x, \xi_\nu) \cdot P(\xi_\nu) = \sum_{\nu=1}^{n} P(\xi_\nu) \cdot \eta(x, \xi_\nu)$$

die gesuchte vollständige Lösung sein. Die in Gl. 2 erhaltene Form der Lösung legt ohne weiteres die Vermutung nahe, daß bei Ersatz von $P(\xi)$ durch $p(\xi) \cdot d\xi$ und damit des Summenzeichens durch das Integralzeichen die Lösung für stetige Belastung lautet

3) $$u(x) = \int_a^b G(x, \xi) \cdot p(\xi)\, d\xi = \int_a^b \eta(x, \xi)\, p(\xi)\, d\xi,$$

wie auch in der Tat zweckmäßig angesetzt wird. Es wurde eben angenommen, daß eine Anzahl von Lösungen $u(x, \xi_\nu)$ bekannt seien, um $u(x)$ zu erhalten. In Wirklichkeit ist dieses jedoch nicht erforderlich, denn die für die gesamte Statik und Elastizitätslehre grundlegende Beziehung von der Gegenseitigkeit der Momente und Formänderungen findet sich auch bei der Greenschen Funktion insofern wieder, als sie eine symmetrische Funktion in ihren beiden Argumenten x und ξ ist, d. h. $G(x, \xi) = G(\xi, x)$. Allgemein jedoch ist die Symmetrie der Einflußfunktion an die Bedingung geknüpft, daß sie Lösung einer „sich selbst adjungierten“[1]) Differential- oder Differenzengleichung ist. Nun kann ebenfalls allgemein folgende Aussage gemacht werden. Sämtliche Differentialgleichungen gerader Ordnung der Elastizitätstheorie lassen sich als Eulersche Gleichungen aus einem Variationsproblem gewinnen, und alle diese Eulerschen Gleichungen sind sich selbst adjungiert.

Die nächstliegende Aufgabe besteht nun darin, für die wichtigsten Differentialgleichungen unter den angegebenen Randbedingungen $u(a) = u(b) = 0$ die Greenschen Funktionen zu konstruieren und an einigen Beispielen ihre Anwendung zu zeigen.

---

[1]) Bezüglich sich selbst adjungierter d, Δ-Gleichungen s. Funk, Die linearen Differenzengleichungen usw., IV. Abschnitt; oder J. Horn, Partielle Differentialgleichungen 1929, Viertes Kapitel.

§ 4. Die Differentialgleichung $\frac{d^2 u}{dx^2} = -\varphi(x)$ und ihre vollständige Lösung für die Randbedingungen $u(a) = u(b) = 0$.

Der Weg zur vollständigen Lösung der vorstehenden Differentialgleichung besteht in der Konstruktion der Greenschen Funktion, mit der dann die gesuchte Lösung in der Form der Gl. 2 oder 3) von § 3 erhalten wird. Die Greensche Funktion der vorgelegten Differentialgleichung wurde zum ersten Male angegeben von dem deutschen Mathematiker H. Burkhardt im Bulletin de la Société Mathématique de France 1894. Dieselbe Funktion für den allgemeinen linearen Differentialausdruck

$$1)\qquad L(u) \equiv p_0 \frac{d^n u}{d x^n} + p_1 \frac{d^{n-1} u}{d x^{n-1}} + \cdots\cdots p_{n-1} \frac{d u}{d x} + p_n u = 0$$

bei ebenfalls homogenen Randbedingungen gab der amerikanische Mathematiker Maxime Bôcher in den Annals of Mathematics 1911, Second Series, Vol. 13. Die Arbeiten von Burkhardt und Bôcher stellen Übertragungen der Greenschen Funktion in das Eindimensionale dar, denn die Greensche Funktion war z. B. für zweidimensionale Probleme längst bekannt.

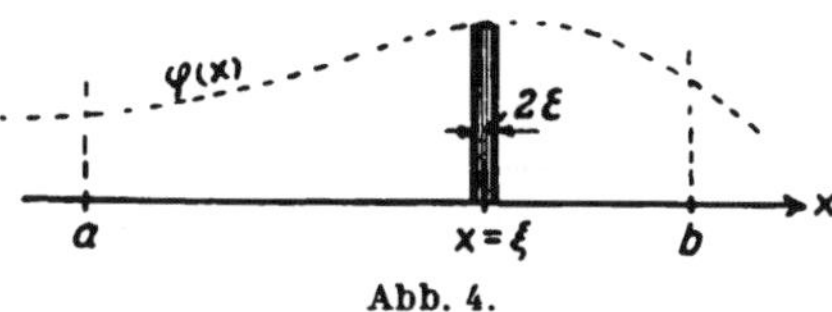

Abb. 4.

Entsprechend der in der Einleitung angedeuteten Absicht wird die Ermittlung der Greenschen Funktion in ihren Hauptzügen und der Beweis ihrer Symmetrie kurz angegeben.

Zu diesem Zwecke wird angenommen, daß die Lastfunktion $\varphi(x)$ in dem ganzen Intervall gleich Null sei, ausgenommen in dem kleinen Teilintervall $\xi - \varepsilon$ bis $\xi + \varepsilon$ (s. Abb. 4) und ferner, daß in diesem Teilintervall $\varphi(x)$ so wachse, daß mit dem Verschwinden dieses Intervalls die gesamte Last, d. i. das Integral

$$2)\qquad \int_{\xi-\varepsilon}^{\xi+\varepsilon} \varphi(x)\, dx = P_{(\xi)}$$

gegen 1 geht. Hiermit ist man sofort auf die charakteristischste Eigenschaft der Greenschen Funktion gestoßen, welche in der Sprungbedingung des Differentialquotienten von der nächst niederen Ordnung als der Ordnung der Differentialgleichung besteht. Man erhält nämlich durch einmalige Integration der Differentialgleichung

$$3)\qquad \int_{\xi-\varepsilon}^{\xi+\varepsilon} \frac{d^2 u}{d x^2}\, d x = \int_{\xi-\varepsilon}^{\xi+\varepsilon} \frac{d}{d x}\left(\frac{d u}{d x}\right) d x = \left|\frac{d u}{d x}\right|_{\xi-\varepsilon}^{\xi+\varepsilon} = -\int_{\xi-\varepsilon}^{\xi+\varepsilon} \varphi(x)\, d x.$$

Geht ε gegen Null und gleichzeitig $\int\limits_{\xi-\varepsilon}^{\xi+\varepsilon} \varphi(x) dx \to 1$, dann soll dieser Zustand als eine Punktbelastung angesehen und die entsprechende Lösung $u(x,\xi)$ als Greensche- oder Einflußfunktion bezeichnet werden. Somit folgt für diese aus Gl. 3 durch Grenzübergang

4) $$\left|\frac{du}{dx}\right|_{x=\xi-0}^{x=\xi+0} = \left|\frac{dG(x,\xi)}{dx}\right|_{x=\xi-0}^{x=\xi+0} = -\lim_{\varepsilon\to 0}\int\limits_{\xi-\varepsilon}^{\xi+\varepsilon} \varphi(x)\,dx = -1.$$

Weiter ist ersichtlich, daß in den Teilintervallen $a \leq x < \xi$ und $\xi < x \leq b$ die Greensche Funktion der homogenen Differentialgleichung

5) $$\frac{d^2 G(x,\xi)}{dx^2} = 0$$

genügt. Nun sind aber alle Kurven, deren zweite Ableitung überall verschwindet, gerade Linien, und deshalb lauten die allgemeinen Lösungen von Gl. 5

a) im Intervall $a \leq x < \xi$

6) $$G(x,\xi) = c_1 x + d_1,$$

b) im Intervall $\xi < x \leq b$

7) $$G(x,\xi) = c_2 x + d_2.$$

Die Greensche Funktion ist nun bekannt, wenn die vier Konstanten c_1, d_1, c_2 und d_2 bestimmt sind. Zu deren eindeutigen Festlegung genügen die folgenden vier Bedingungen. Es muß sein, wenn jetzt zur Vereinfachung der Rechnung für a der Wert 0 und für b der Wert l gesetzt wird unter Berücksichtigung, daß $G(x,\xi)$ Lösung sein soll, also den gleichen Randbedingungen wie die Funktion $u(x)$ selbst zu genügen hat

8) $$G(o,\xi) = 0 \qquad G(l,\xi) = 0 \qquad \left.\frac{dG(x,\xi)}{dx}\right|_{x=\xi-0}^{x=\xi+0} = -1.$$

Die vierte Bedingung folgt daraus, daß die Greensche Funktion selbst, im Punkte $x = \xi$ stetig sein soll, d. h. es gilt dort

9) $$c_1\xi + d_1 = c_2\xi + d_2.$$

Geht man mit den entsprechenden Werten aus Gl. 6 und 7) in die Randbedingungen ein, so ergeben sich die vier Bestimmungsgleichungen für die Konstanten

10) $$G(o,\xi) = c_1 o + d_1 = d_1 = 0$$

11) $$G(l,\xi) = c_2 l + d_2 = 0$$

12) $$\left.\frac{dG(x,\xi)}{dx}\right|_{x=\xi-0}^{x=\xi+0} = c_2 - c_1 = -1$$

13) $$c_1 \xi = c_2 \xi + d_2.$$

Deren Auflösung liefert

14) $$d_1 = 0; \qquad d_2 = \xi; \qquad c_1 = \frac{l - \xi}{l}; \qquad c_2 = -\frac{\xi}{l}$$

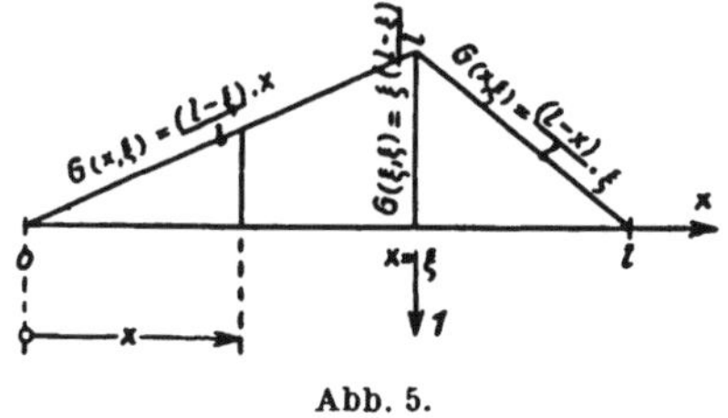

Abb. 5.

und demnach lautet entsprechend Gl. 6 und 7) die Greensche Funktion

a) im Intervall $0 \leq x \leq \xi$

15) $$G(x, \xi) = c_1 x = \frac{(l - \xi)}{l} \cdot x,$$

b) im Intervall $\xi \leq x \leq l$

16) $$G(x, \xi) = c_2 x + d_2 = -\frac{\xi}{l} \cdot x + \xi = \frac{\xi (l - x)}{l}.$$

Damit ist die gesuchte Einflußfunktion in ihrem ganzen Verlaufe bekannt und hat, wie noch einmal besonders hervorgehoben werden soll, losgelöst von allen physikalischen Deutungen, die vorstehenden Ausdrücke. Vergleicht man diese nun mit den Werten der Momente eines Balkens auf zwei Stützen, so stellt man fest, daß die Werte der Greenschen Funktion mit den genannten Momentenwerten vollkommen übereinstimmen[1]). Vertauscht man die Argumente (x, ξ) in der Greenschen Funktion in (ξ, x), d. h. wählt man x als Aufpunkt und betrachtet ξ als laufende Koordinate, dann vertauschen sich x und ξ auch in den Gl. 15 und 16), was ersichtlich nur auf eine Vertauschung der Intervalle hinausläuft, und man erkennt, daß durch eine Last P — angreifend in ξ — in x das gleiche Moment entsteht wie in ξ, wenn die Last in x angreift. Diese Reziprozität, die durch Einsetzen gefunden wurde, soll mit Hilfe der sog. Greenschen Formel für den vorliegenden Differentialausdruck noch einmal bewiesen werden. Die Greensche Formel ergibt sich wie folgt. Es seien u und v zwei stetige und zweimal stetig differentiierbare, zunächst beliebige Funktionen, dann folgt durch partielle Integration von

17) $$\int_a^b v \frac{d^2 u}{d x^2} d x$$

der Ausdruck

18) $$\int_a^b \left[v \frac{d^2 u}{d x^2} - u \frac{d^2 v}{d x^2} \right] d x = \left| v \frac{d u}{d x} - u \frac{d v}{d x} \right|_a^b$$

---

[1]) Insbesondere erkennt man auch vollkommene Übereinstimmung mit der Einflußlinie für $M(\xi)$ eines einfachen Balkens.

der als die **Greensche Formel** für die Differentialgleichung $\frac{d^2 u}{d x^2} = 0$ bezeichnet wird. Gl. 18 ist weiter nichts als eine Identität und soll dazu benutzt werden, erstens die oben festgestellte Symmetrie der Greenschen Funktion zu beweisen und, gestützt hierauf, auch die eigentliche Lösung selbst zu liefern. Der Symmetriebeweis läuft wie folgt. Es sei jetzt v die Greensche Funktion für den Aufpunkt ξ und u die Greensche Funktion für den Aufpunkt x, d. h. also

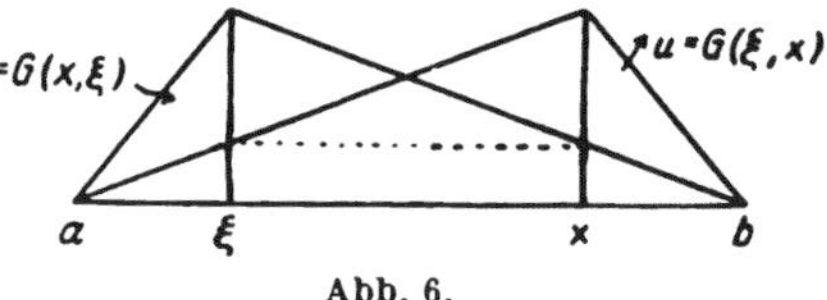

Abb. 6.

$$19)\quad v = G(x, \xi) \quad \text{und} \quad 20)\quad u = G(\xi, x).$$

Geht man mit diesen Werten für u und v, bei denen die erste Koordinate hier immer als die laufende angesehen werden muß, in die Gl. 18 ein, die auch dann noch gültig bleibt, wenn eine der Funktionen u oder v nicht durchweg zweimal stetig differenzierbar ist, dann folgt zunächst, daß die linke Seite des Verschwindens der zweiten Ableitung wegen gleich Null ist. Nun ist bei der Auswertung der rechten Seite von Gl. 18 zu beachten, daß wohl die Funktionen u und v, nicht aber die ersten Differentialquotienten stetig sind, vgl. Abb. 6. Daher ist das Intervall a, b in die drei Teilintervalle (a, ξ), (ξ, x) und (x, b) zu zerlegen und für diese die Randwerte zu bilden. Man erkennt nun leicht, daß alle Randglieder zu Null werden, bei denen entweder ein Funktionswert Null ist oder bei denen ein Produkt einmal als obere und dann als untere Grenze vorkommt und so durch verschiedene Vorzeichen sich aufhebt. Es liefern also nur diejenigen Stellen Beiträge, an denen die erste Ableitung einen Sprung macht und daraus folgt

$$21)\qquad \left| G(x, \xi) \frac{dG(\xi, x)}{d\xi} - G(\xi, x) \frac{dG(x, \xi)}{dx} \right|_a^b =$$

$$= G(x, \xi) \cdot \frac{dG(\xi, x)}{d\xi} \Bigg|_{\xi = x - 0}^{\xi = x + 0} - G(\xi, x) \cdot \frac{dG(x, \xi)}{dx} \Bigg|_{x = \xi - 0}^{x = \xi + 0} = -G(x, \xi) + G(\xi, x) = 0$$

und damit ist der Symmetriebeweis erbracht, denn es ist

$$22)\qquad \underline{G(x, \xi) = G(\xi, x).}$$

Die gesuchte Funktion u kann nunmehr in einfacher Weise mit Hilfe der Greenschen Formel dargestellt werden. Setzt man zu diesem Zweck $v = G(x, \xi)$ ferner u gleich der gesuchten Funktion und für ihre zweite Ableitung die Belastungsfunktion $-\varphi(x)$ (s. Gl. 1 § 1) und geht mit diesen Werten in die Greensche Formel ein, dann folgt für den Fall, daß $\varphi(x)$ **eine stetige oder auch nur stückweise stetige Funktion (Streckenlast) bedeutet**

$$23)\qquad -\int_a^b G(x,\xi)\,\varphi(x)\,dx = \underbrace{\left| G(x,\xi)\frac{du}{dx}\right|_a^b}_{0} - \left| u(x)\cdot\frac{dG(x,\xi)}{dx}\right|_a^b.$$

Da $G(x, \xi)$ und $\frac{du}{dx}$ im ganzen Intervall stetig sind, so ist der erste Summand auf der rechten Seite gleich Null. Unter Beachtung der Unstetigkeit von $\frac{dG}{dx}$ an der Stelle $x = \xi$ und den vorgegebenen Randbedingungen $u(a) = u(b) = 0$ folgt schließlich

$$24)\qquad \int_a^b G(x,\xi)\,\varphi(x)\,dx = \lim_{\varepsilon \to 0}\left[u(\xi-\varepsilon)\left.\frac{dG(x,\xi)}{dx}\right|_{x=\xi-\varepsilon} - u(\xi+\varepsilon)\left.\frac{dG(x,\xi)}{dx}\right|_{x=\xi+\varepsilon}\right] = u(\xi)\left.\frac{dG(x,\xi)}{dx}\right|_{x=\xi+0}^{x=\xi-0}.$$

Da nun nach Gl. 8 dieser Sprungwert gleich $+1$ ist, so folgt als Ergebnis die gesuchte Funktion im Punkte ξ d. h. im Aufpunkt

$$25)\qquad u(\xi) = \int_a^b G(x,\xi)\,\varphi(x)\,dx.$$

Da ξ ein beliebiger Punkt des Intervalls (a, b) ist, so ist jetzt mit Gl. 25 die vollständige Lösung der gestellten Randwertaufgabe bekannt oder, wie man auch auf Grund von Ergebnissen in der Wärmetheorie zu sagen pflegt, „quellenmäßig" dargestellt. Man erkennt leicht die außerordentliche Einfachheit und Allgemeinheit der Lösung; die man also immer dann erhält, wenn ein vorgelegtes Problem auf die Differentialgleichung $u''(x) = -\varphi(x)$ führt und den Randbedingungen $u(a) = u(b) = 0$ genügt.

Aus Gl. 25 folgt für die erste Ableitung im Punkte ξ

$$26)\qquad \frac{du}{d\xi} = \int_a^b \frac{\partial G(x,\xi)}{\partial \xi}\,\varphi(x)\,dx.$$

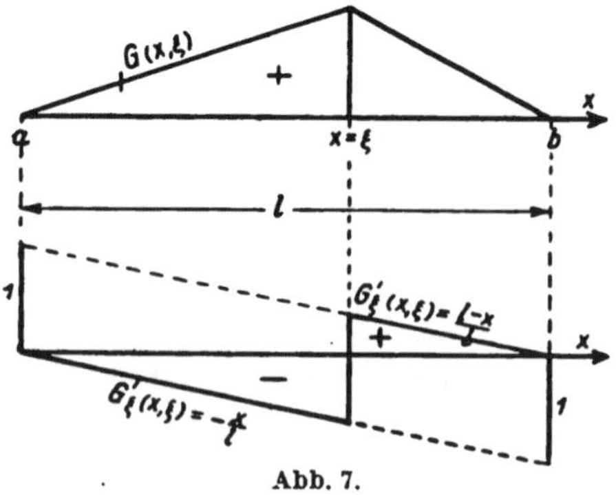

Abb. 7.

Nun hat $G(x, \xi)$ im Intervall $a \leq x < \xi$ nach Gl. 15 die Ableitung

$$27)\qquad \frac{\partial G(x,\xi)}{\partial \xi} = -\frac{x}{l}$$

und im Intervall $\xi < x \leq l$

$$28)\qquad \frac{\partial G(x,\xi)}{\partial \xi} = \frac{l-x}{l}.$$

Trägt man diese Werte für die Ableitung im Zusammenhang mit der

Einflußfunktion $G(x, \xi)$ auf, so hat man in der abgeleiteten Funktion wiederum eine Einflußfunktion $G'_\xi(x, \xi)$, und an ihrer Form wird sie leicht als die geläufige Einflußlinie für die Querkraft erkannt. Wie sich die der ursprünglichen Greenschen Funktion auferlegte Sprungbedingung in der Funktion $G'_\xi(x, \xi)$ äußert, ist ebenfalls aus der Abb. 7 zu ersehen. Trägt man die Werte für die Ableitung in Gl. 26 ein, dann ergibt sich

$$\frac{du}{d\xi} = \lim_{\varepsilon \to 0} \int_a^{\xi-\varepsilon} -\frac{x}{l} \cdot \varphi(x)\, dx + \lim_{\varepsilon \to 0} \int_{\xi+\varepsilon}^{b} \frac{l-x}{l} \cdot \varphi(x)\, dx$$

$$= \lim_{\varepsilon \to 0} \int_a^{\xi-\varepsilon} -\frac{x}{l} \cdot \varphi(x)\, dx + \lim_{\varepsilon \to 0} \int_{\xi+\varepsilon}^{b} \varphi(x)\, dx - \lim_{\varepsilon \to 0} \int_{\xi+\varepsilon}^{b} -\frac{x}{l} \cdot \varphi(x)\, dx,$$

woraus im Grenzfall durch geeignete Zusammenfassung

$$\frac{du}{d\xi} = \int_\xi^b \varphi(x)\, dx - \frac{1}{l} \int_a^b x \cdot \varphi(x)\, dx \tag{29}$$

entsteht.

Die Gl. 29 läßt z. B. folgende mechanische Deutung zu. Wird $\varphi(x)$ als Belastung, $u(\xi)$ also als Moment angesehen, dann stellt $u'(\xi)$ die Querkraft dar, welche hier vom Auflager b aus gebildet erscheint.

Es ist nun in dem einschlägigen Schrifttum üblich, in den Gl. 25 usf. die Koordinatenbezeichnung zu vertauschen, um dort u und seine Ableitungen als Funktionen von x zu erhalten. Da es nun gleichgültig ist, wie man die Integrationsveränderliche bezeichnet und nach Gl. 22 auch in $G(x, \xi)$ die Variablen vertauscht werden dürfen, so wird fernerhin folgende Schreibweise benutzt

$$\boxed{u(x) = \int_a^b G(x, \xi)\, \varphi(\xi)\, d\xi,} \tag{30}$$

$$\frac{du}{dx} = \int_a^b \frac{\partial G(x, \xi)}{\partial x} \varphi(\xi)\, d\xi = \int_a^{x-0} \frac{\partial G(x, \xi)}{\partial x} \varphi(\xi)\, d\xi + \int_{x+0}^{b} \frac{\partial G(x, \xi)}{\partial x} \varphi(\xi)\, d\xi = \int_x^b \varphi(\xi)\, d\xi - \frac{1}{l} \int_a^b \xi \cdot \varphi(\xi)\, d\xi. \tag{31}$$

Wie ersichtlich ist jetzt in $G(x, \xi)$ der Aufpunkt mit x und die bewegliche Koordinate mit ξ bezeichnet. Lösungen in der Form der Gl. 30

sind dem Bauingenieur in großer Zahl bekannt, und er ist gewohnt, alle diese Lösungen als Biegelinien zu der Lastfunktion $\varphi(x)$ zu deuten.

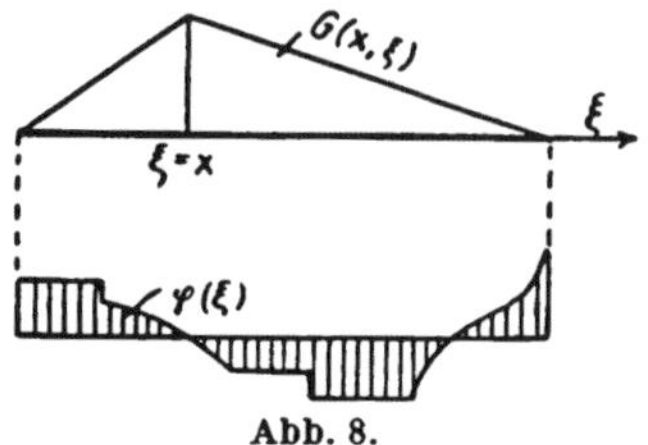

Abb. 8.

Hierher gehören z. B. die von Müller-Breslau berechneten ω-Werte, ebenso die bekannten Integralausdrücke $\int M_i\, M_k\, ds$, in denen der eine Wert M_v der Greenschen Funktion entspricht, und auch diese Beispiele lassen deutlich den Wert erkennen, welcher der vorliegenden Lösungsmethode zukommt.

Vom mathematischen Standpunkte aus erscheint es notwendig, die Stetig- und Differenzierbarkeitseigenschaften von $u(x)$ zu betrachten. Von $\varphi(x)$ war vorausgesetzt, daß es eine stetige oder auch stückweise stetige Funktion sei. Aus der Differentialgleichung selbst folgt nun ohne weiteres durch Integration, daß sich die Werte der ersten Ableitung in den Punkten x und $x+h$ unterscheiden um den Betrag

$$32)\qquad u'(x+h) - u'(x) = \int_x^{x+h} \frac{d}{d\xi}\left(\frac{du}{d\xi}\right) d\xi = \int_x^{x+h} \varphi(\xi)\, d\xi.$$

Diese Differenz geht ersichtlich mit h gegen Null und damit ist die Stetigkeit der ersten Ableitung erwiesen, welche ihrerseits die Stetigkeit von $u(x)$ zur Folge hat.

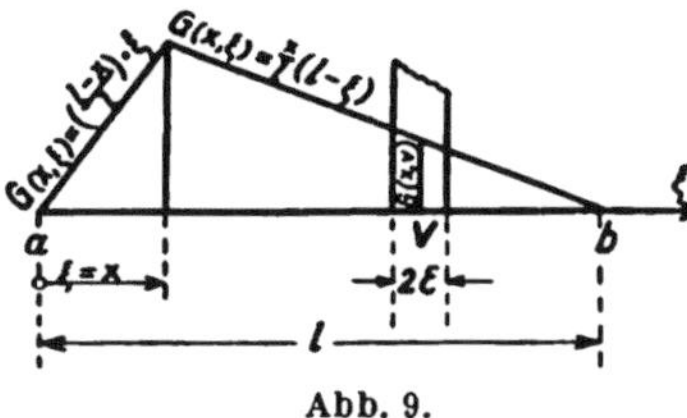

Abb. 9.

Um aber auch für die praktische Rechnung Einzellasten in den Kreis der vorliegenden Betrachtung einzugliedern[1]), ist es notwendig, die Einzellast als Grenzfall einer Streckenlast aufzufassen. Dann wird der Beitrag der über dem Intervall $|\nu - \varepsilon|$ wirkenden Belastung genügend genau dargestellt durch

$$33)\qquad u(x) = \lim_{\varepsilon \to 0} \int_{\nu-\varepsilon}^{\nu+\varepsilon} G(x,\xi)\, \varphi(\xi)\, d\xi = G(x,\nu) \cdot P_\nu.$$

Somit folgt für die vollständige Lösung der Aufgabe, wenn die Lastfunktion $\varphi(x)$ neben endlicher und stetiger oder abteilungsweise stetiger Last noch aus Einzelwirkungen P_ν besteht, wo $\nu = 1, 2 \ldots . n$

[1]) Dies ist streng genommen nicht notwendig, wenn über die Lastfunktion eine entsprechende Annahme gemacht wird. In Wirklichkeit gibt es ja keine Einzellasten.

34) $$u(x) = \int_a^b G(x,\xi)\,\varphi(\xi)\,d\xi + \sum_{\nu=1}^{n} P_\nu G(x,\nu) = \int_a^b \eta(x,\xi)\,\varphi(\xi)\,d\xi + \sum_{\nu=1}^{n} P_\nu \eta(x,\nu)$$

und

35) $$\frac{du}{dx} = \int_a^b \frac{\partial G(x,\xi)}{\partial x}\,\varphi(\xi)\,d\xi + \sum_{\nu=1}^{n} P_\nu \frac{\partial G(x,\nu)}{\partial x} = \int_a^b \frac{\partial \eta(x,\xi)}{\partial x}\,\varphi(\xi)\,d\xi + \sum_{\nu=1}^{n} P_\nu \frac{\partial \eta(x,\nu)}{\partial x}.$$

Die nachstehenden Beispiele sollen zeigen, welch weitgehender und leichter Anwendung die vorstehenden Darlegungen fähig sind.

§ 5. Anwendungen gültig für die Differentialgleichung $u''(x) = -\varphi(x)$ und die Randbedingungen $u(a) = u(b) = 0$.

Beispiel 1. Gegeben sei ein Balken auf zwei Stützen mit der Belastung p für die Längeneinheit. Gesucht sind die Biegemomente $M(x)$ und die Querkraft $Q(x)$. Da hier die Differentialgleichung lautet

$$\frac{d^2 M}{d x^2} = -p = \text{const},$$

so folgt sofort nach Gl. 34

$$M(x) = \int_0^l \eta(x,\xi)\cdot p\cdot d\xi = p\int_0^l \eta(x,\xi)\,d\xi = p\cdot\frac{l}{2}\cdot\frac{x(l-x)}{l} = p\,\frac{x(l-x)}{2}$$

und die Querkraft nach Gl. 35

$$Q(x) = \frac{dM}{dx} = \int_x^l p\cdot d\xi - \frac{1}{l}\int_0^l \xi\cdot p\cdot d\xi = p\left[(l-x) - \frac{l}{2}\right] = p\,\frac{l-2x}{2}.$$

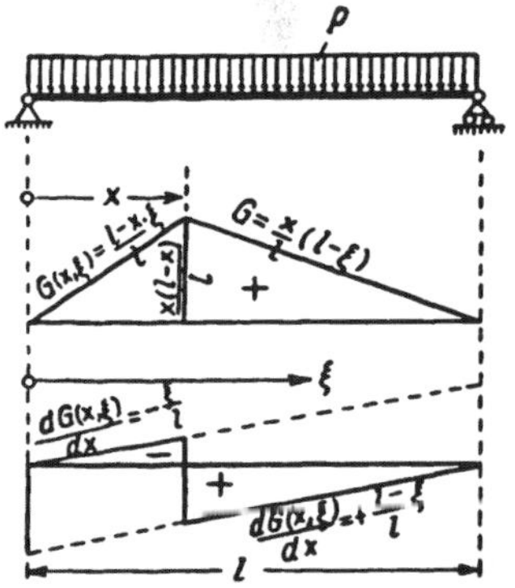

Abb. 10.

Auf dem hier angezeigten Wege lassen sich auch bei einfacherem Belastungsgesetz, wie es praktisch immer zugrunde gelegt werden kann, Hänge- und Flachbleche berechnen (vgl. z. B. Bleich, Theorie und Berechnung eiserner Brücken, S. 351 ff.). Man erspart bei dem vorliegenden Rechnungsgang die dort durchgeführten Fourierschen Reihenentwicklungen. Ebenso einfach können Belastungsfälle von der Art untersucht werden, wie sie z. B. bei Hauptträgern von Brücken in Kurven vorkommen und eingehend von Kommerell, B. Schulz, Karig und daran anschließend, für Fahrbahnträger, von Hailer behandelt worden sind. Unter Benutzung von Gl. 34 und 35) von § 4, deren Auswertung am einfachsten mit Hilfe der in IVa und c mitgeteilten Lösungen erfolgt, ergeben sich die gesuchten Spanngrößen in denkbar einfachster Form, bei durchsichtigstem Rechnungsgang.

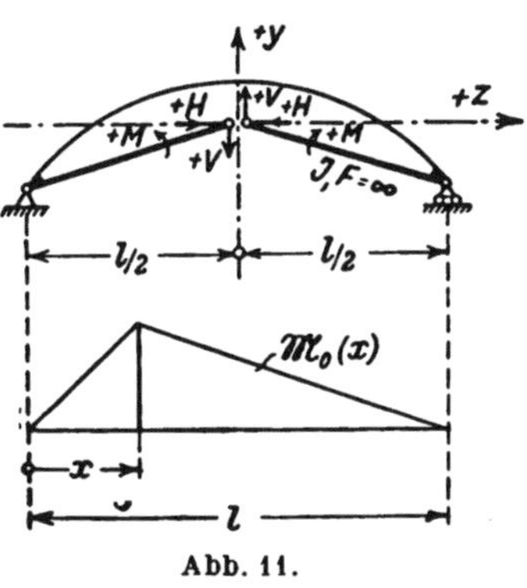

Abb. 11.

Beispiel 2. Der Untersuchung eines eingespannten Bogens möge das nebenskizzierte stat. best. Hauptsystem, d. h. ein einfacher Balken auf zwei Stützen zugrunde gelegt sein. Ist $\mathfrak{M}_0(x)$ das Biegemoment des einfachen Balkens, dann beträgt das Gesamtmoment für den Bogen

$$1)\quad M(x) = \mathfrak{M}_0(x) - V \cdot z - H \cdot y - M.$$

Dieser Ausdruck stellt das Biegemoment in allen Quadranten bei der getroffenen Wahl der Koordinaten und dem Richtungssinn der Unbekannten V, H, M richtig dar. Legt man den Angriffspunkt der Unbekannten in den Schwerpunkt der elastischen Gewichte, so erhält man für die Unbekannten die Werte

$$2)\quad V = + \frac{\int\limits_0^l \mathfrak{M}_0(x) \cdot z \cdot \frac{J_c}{J} \cdot \frac{dx}{\cos\varphi}}{\int\limits_{-\frac{l}{2}}^{+\frac{l}{2}} z^2 \frac{J_c}{J} \cdot ds}$$

$$3)\quad H = + \frac{\int\limits_0^l \mathfrak{M}_0(x)\, y \frac{J_c}{J} \frac{dx}{\cos\varphi}}{\int\limits_{-\frac{l}{2}}^{+\frac{l}{2}} y^2 \frac{J_c}{J}\, ds + \int\limits_{-\frac{l}{2}}^{+\frac{l}{2}} \frac{J_c}{F} \cos^2\varphi\, ds} \qquad 4)\quad M = + \frac{\int\limits_0^l \mathfrak{M}_0(x) \frac{J_c}{J} \frac{dx}{\cos\varphi}}{\int\limits_{-\frac{l}{2}}^{+\frac{l}{2}} \frac{J_c}{J} \cdot ds}$$

In $\mathfrak{M}_0(x)$ erkennt man sofort die Greensche Funktion wieder und ersieht daran, daß die Einflußlinien für die Unbekannten der behandelten

Differentialgleichung und den angegebenen Randbedingungen genügen. Bezeichnet man die Lastfunktion, in welche die Nenner eingehen, in folgender, wohl ohne weiteres verständlicher Weise

$$5)\quad \varphi_V(\xi) = \frac{z \cdot J_c}{N_V \cdot J \cdot \cos\varphi} \qquad 6)\quad \varphi_H(\xi) = \frac{y \cdot J_c}{N_H \cdot J \cdot \cos\varphi}$$

$$7)\quad \varphi_M(\xi) = \frac{J_c}{N_M \cdot J \cdot \cos\varphi},$$

so können die Gl. 2), 3), 4) auch so geschrieben werden:

$$8)\quad V = \int_0^l \eta(x,\xi)\, \varphi_V(\xi)\, d\xi \qquad 9)\quad H = \int_0^l \eta(x,\xi)\, \varphi_H(\xi)\, d\xi$$

$$10)\quad M = \int_0^l \eta(x,\xi)\, \varphi_M(\xi)\, d\xi.$$

Die Differentialgleichungen, denen die Unbekannten genügen, lauten also

$$11)\quad \frac{d^2 V}{d x^2} = -\varphi_V(x) \qquad 12)\quad \frac{d^2 H}{d x^2} = -\varphi_H(x) \qquad 13)\quad \frac{d^2 M}{d x^2} = -\varphi_M(x).$$

An diesen Gleichungen ist weiter ersichtlich, daß unter vereinfachenden Annahmen über den Verlauf der Lastfunktionen die Einflußlinien sofort aus den bekannten δ_{ik}-Tafeln nach Ermittlung der oben angegebenen Nenner entnommen werden können. Im vorliegenden Falle würde sich nach Müller-Breslau, „Die graphische Statik der Baukonstruktionen“, Bd. II, 2 v. 1925, S. 56, ergeben

a) V aus (7) (5) b) H aus (7) (9) — (7) (R) c) M aus (7) (R),

wo R ein Rechteck bedeutet. Es ist vielleicht für die zeichnerische Darstellung von Einflußlinien nicht unwichtig, darauf hinzuweisen, daß diese an den Stellen Wendepunkte haben, in denen der jeweiligen Belastungsfunktion φ (vgl. Gl. 11, 12) und 13) der Wert Null zukommt.

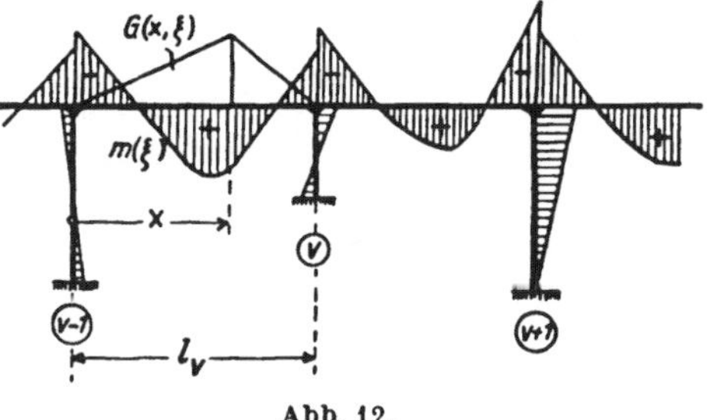

Abb. 12.

Beispiel 3. Gegeben sei die durch EJ dividierte Momentenfläche eines Stabzuges und außerdem zwei Punkte, hier z. B. die Stützpunkte $\nu - 1$ und ν für welche die Durchbiegung $y(x)$ selbst verschwindet. Es sei also für einen beliebigen Querschnitt gesetzt

$$1)\quad \frac{M(\xi)}{EJ(\xi)} = m(\xi)$$

und damit ist sofort, da in diesem Falle die Greensche Funktion bekannt, die Durchbiegung an der Stelle x

$$2)\qquad y(x) = \int_0^{l_\nu} \eta(x\ \xi) \frac{M(\xi)}{EJ(\xi)} d\xi = \int_0^{l_\nu} \eta(x,\xi)\, m(\xi)\, d\xi.$$

Der Aufbau dieser einfachen und wichtigen Gleichung gibt Anlaß zu den folgenden Bemerkungen. Zunächst ist nach den allgemeinen Untersuchungen gleichgültig, ob die Momente $M(\xi)$ einem statisch bestimmten oder statisch unbestimmten System angehören, vorausgesetzt war lediglich, daß sie bekannt seien. Gehören nun diese Momente einem statisch unbestimmten System an, und deutet man $\eta(x, \xi)$ als die Momentenfläche eines Balkens auf zwei Stützen, so findet man auch hier eine Aussage des Reduktionssatzes bestätigt, wonach man zur Ermittlung einer Formänderungsgröße in dem Ausdruck $\delta_{ik} = \int \frac{M_i\, M_k\, ds}{EJ}$ eine Momentenfolge z. B. M_i im statisch bestimmten System und die anderen M_k im statisch unbestimmten System wählen kann. Vgl. hierzu die Arbeiten von Kammer (Dissertation), Auszug in Armierter Beton 1914, Heft 4/5; Worch, Beispiele in Beton und Eisen 1924, Heft 4; Pirlet, Kompendium der Statik der Baukonstruktionen; Pasternak, Berechnung vielfach statisch unbestimmter biegefester Stab- und Flächentragwerke. Weiter ist besonders der Mohrsche Satz geeignet, den Wert der allgemeinen Lösungsmethode zu zeigen. Bekannt war seinerzeit die Konstruktion der Momentenlinie zu der Belastung $p(\xi)$ mittels Kraft- und Seileck, also die zeichnerische Lösung der Differentialgleichung $\frac{d^2\mathfrak{M}}{dx^2} = -p(x)$. Wäre nun die Spaltung der Differentialgleichung 4 in § 1 in zwei Differentialgleichungen zweiter Ordnung bekannt gewesen, so hätte der besagte Mohrsche Satz nichts weiter als eine einfache Übertragung bekannter Dinge bedeutet.

Bei den bis jetzt behandelten Beispielen war $\varphi(x)$ frei von Parametern, also in seinem ganzen Verlaufe lediglich als eine Funktion von x bekannt. Setzt sich nun aber $\varphi(x)$ aus bekannten und unbekannten Teilen zusammen, dann kann Gl. 2 zur Herleitung von Bedingungsgleichungen benutzt werden, wie es im folgenden Beispiel geschehen soll.

Beispiel 4. Gegeben ist ein durchlaufender Balken, bei dem als Unbekannte die Momente über den Stützpunkten M_ν eingeführt sind. Die Stützpunkte mögen sich aus irgendwelchen äußeren Gründen um die festen und bekannten Werte δ_ν gesenkt haben. Die Werte δ_ν seien auf eine Gerade, welche durch die Endauflager geht, bezogen. Verbindet man in beistehender Figur die Endpunkte von $\delta_{\nu-1}$ und $\delta_{\nu+1}$ zur Erzielung der Randbedingungen $u(\nu - 1) = u(\nu + 1) = 0$ durch eine Gerade, welche bei δ_ν den Hilfswert ζ_ν abschneidet und erstreckt

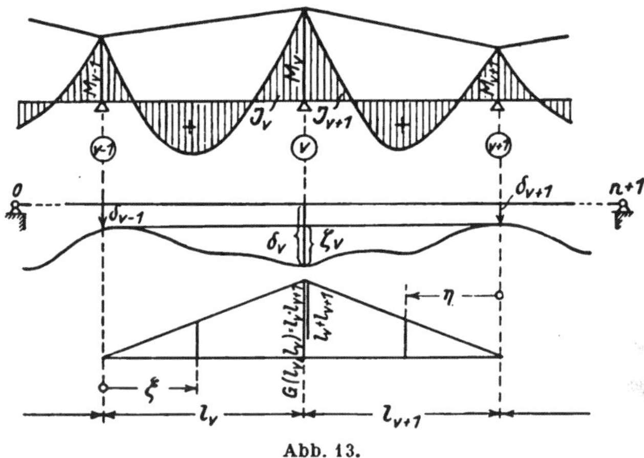

Abb. 13.

$G(x, \xi)$ über die beiden Öffnungen, dann gilt offenbar für die Einsenkung δ_ν

1) $$\delta_\nu = \frac{\delta_{\nu-1} \cdot l_{\nu+1}}{l_\nu + l_{\nu+1}} + \frac{\delta_{\nu+1} \cdot l_\nu}{l_\nu + l_{\nu+1}} + \zeta_\nu$$

und weiter ist mit $m(\xi) = \dfrac{M(\xi)}{EJ(\xi)}$

2) $$\zeta_\nu = \int_0^{l_\nu + l_{\nu+1}} G(l_\nu, \xi)\, m(\xi)\, d\xi.$$

Da hier ζ_ν gegeben ist, stellt Gl. 2 eine Bedingungsgleichung für die unbekannten Momente M_ν dar, und bei ganz beliebigem $m(\xi)$ kann sie als die allgemeinste und begrifflich einfachste Form der Bertot-Clapcyron-Gleichung angesprochen werden. Für die Auswertung von Gl. 2 soll angenommen werden, daß das Trägheitsmoment des Balkens zwischen zwei Stützpunkten konstant, dagegen in den einzelnen Öffnungen verschieden ist. Unter Benutzung einer δ_{ik}-Tafel ergibt sich sofort unter Beachtung, daß $G(l_\nu, l_\nu) = \dfrac{l_\nu \cdot l_{\nu+1}}{l_\nu + l_{\nu+1}}$ ist

$$\zeta_\nu = \frac{l_\nu^2 \cdot l_{\nu+1}}{6(l_\nu + l_{\nu+1})} \frac{\mathrm{M}_{\nu-1} + 2\,\mathrm{M}_\nu}{EJ_\nu} + \frac{l_\nu \cdot l^2_{\nu+1}}{6(l_\nu + l_{\nu+1})} \frac{2\,\mathrm{M}_\nu + \mathrm{M}_{\nu+1}}{EJ_{\nu+1}} +$$

$$+ \int_0^{l_\nu} \frac{l_{\nu+1}}{l_\nu + l_{\nu+1}} \cdot \xi \frac{\mathfrak{M}(\xi)}{EJ_\nu} d\xi + \int_{l_\nu}^{l_\nu + l_{\nu+1}} G(l_\nu, \xi)\, m(\xi)\, d\xi.$$

Dieser Ausdruck läßt sich unter Verwendung der Gegenkoordinate η im Felde $l_{\nu+1}$ auch schreiben

$$3)\qquad \zeta_\nu = \frac{l_\nu \cdot l_{\nu+1}}{6E(l_\nu + l_{\nu+1})}\left[\frac{\mathsf{M}_{\nu-1} + 2\mathsf{M}_\nu}{J_\nu} l_\nu + \frac{2\mathsf{M}_\nu + \mathsf{M}_{\nu+1}}{J_{\nu+1}} l_{\nu+1}\right]$$

$$+ \frac{l_{\nu+1}}{l_\nu + l_{\nu+1}}\int_0^{l_\nu}\frac{\mathfrak{M}(\xi)\cdot\xi\cdot d\xi}{E J_\nu} + \frac{l_\nu}{l_\nu + l_{\nu+1}}\int_0^{l_{\nu+1}}\frac{\mathfrak{M}(\eta)\cdot\eta\cdot d\eta}{E J_{\nu+1}}.$$

Insgesamt ist also nach Gl. 1

$$4)\qquad \delta_\nu = \frac{1}{l_\nu + l_{\nu+1}}\Bigg\{\delta_{\nu-1}\cdot l_{\nu+1} + \delta_{\nu+1}\cdot l_\nu +$$

$$+ \frac{l_\nu \cdot l_{\nu+1}}{6E}\left[\mathsf{M}_{\nu-1}\frac{l_\nu}{J_\nu} + 2\,\mathsf{M}_\nu\left(\frac{l_\nu}{J_\nu} + \frac{l_{\nu+1}}{J_{\nu+1}}\right) + \mathsf{M}_{\nu+1}\frac{l_{\nu+1}}{J_{\nu+1}}\right] +$$

$$+ l_{\nu+1}\int_0^{l_\nu}\frac{\mathfrak{M}(\xi)\cdot\xi\cdot d\xi}{E J_\nu} + l_\nu\int_0^{l_{\nu+1}}\mathfrak{M}(\eta)\cdot\eta\, d\eta\Bigg\}.$$

Löst man hier nach dem die unbekannten Momente enthaltenden Term auf und multipliziert mit J_c, dann folgt als allgemeine Form der Bertot-Clapeyron-Gleichung

$$5)\qquad \mathsf{M}_{\nu-1}\, l_\nu \frac{J_c}{J_\nu} + 2\,\mathsf{M}_\nu\left(l_\nu\frac{J_c}{J_\nu} + l_{\nu+1}\frac{J_c}{J_{\nu+1}}\right) + \mathsf{M}_{\nu+1}\, l_{\nu+1}\frac{J_c}{J_{\nu+1}}$$

$$= -6\,J_c\left[\int_0^{l_\nu}\frac{\mathfrak{M}(\xi)\cdot\xi\cdot d\xi}{l_\nu J_\nu} + \int_0^{l_{\nu+1}}\frac{\mathfrak{M}(\eta)\cdot\eta\cdot d\eta}{l_{\nu+1} J_{\nu+1}}\right]$$

$$- 6\,E J_c\left[\frac{\delta_{\nu-1}}{l_\nu} - \frac{\delta_\nu(l_\nu + l_{\nu+1})}{l_\nu\cdot l_{\nu+1}} + \frac{\delta_{\nu+1}}{l_{\nu+1}}\right].$$

Aus dieser Gleichung können unter vereinfachten Annahmen über Trägheitsmomente und Stützweiten jene bekannten Formeln abgeleitet werden, wie sie in der Praxis anzutreffen sind. Es erscheint beachtenswert, daß hier die vollständige Lösung eines Randwertproblems einer Differentialgleichung zweiter Ordnung nach Gl. 1, § 1 auf zwei Differenzengleichungen von dem Typus der Gl. 3 und 2) des § 1 führt. Man sieht das sehr deutlich, wenn die vorstehende Gl. 5 für gleiche Stützweiten und gleiche Trägheitsmomente $J_\nu = J$ angeschrieben wird, es folgt

$$6)\qquad \mathsf{M}_{\nu-1} + 4\,\mathsf{M}_\nu + \mathsf{M}_{\nu+1} = -\frac{6}{l^2}\left[\int_0^{l}\mathfrak{M}(\xi)\,\xi\cdot d\xi + \int_0^{l}\mathfrak{M}(\eta)\,\eta\, d\eta\right]$$

$$- 6\,E J\,\frac{\delta_{\nu-1} - 2\,\delta_\nu + \delta_{\nu+1}}{l^2}$$

oder mit Benutzung des in § 1 Gl. 3 eingeführten Operators $D(\ldots)$

7) $$D(\mathsf{M}_\nu) = -\frac{6}{l^2}\left[\int_0^l \mathfrak{M}(\xi)\cdot\xi\cdot d\xi + \int_0^l \mathfrak{M}(\eta)\,\eta\cdot d\eta\right] - 6EJ\frac{\Delta^2\delta_\nu}{l^2}.$$

Aus Gl. 5 läßt sich auch unschwer die Gleichung des Balkens auf elastisch senkbaren Stützen ableiten. Nimmt man die Senkung δ_ν in der Form an

8) $$\delta_\nu = c_\nu + \alpha_\nu T_\nu,$$

wo c_ν und α_ν Erfahrungsfestwerte darstellen, und

9) $$T_\nu = \mathfrak{T}_\nu - \frac{\mathsf{M}_\nu - \mathsf{M}_{\nu-1}}{l_\nu} - \frac{\mathsf{M}_\nu - \mathsf{M}_{\nu+1}}{l_{\nu+1}}$$

den νten Stützdruck bedeutet, so führt die Eintragung dieser Werte in Gl. 5 für die einzelnen δ_ν unmittelbar auf die bekannte Fünfmomentengleichung.

Beispiel 5. In gleich einfacher Weise wie der durchlaufende Balken läßt sich der einstöckige Rahmenzug behandeln. Die zur Ermittlung der statisch unbestimmten Größen notwendigen Randbedingungen werden durch die Komponenten der Verschiebungen der Stützenköpfe und deren Verdrehungen erhalten. Mit Rücksicht auf das der Berechnung der Biegelinie zugrunde liegende Koordinatensystem und die hierauf aufgebauten Grundgleichungen in § 1 sind die Verschiebungskomponenten dann positiv, wenn sie gleichen Richtungssinn wie die positiven Koordinatenachsen haben. Ebenso ergibt sich unter Beachtung von Gl. 1 die Stützenkopfverdrehung τ_ν gleichzeitig mit der Tangente des Neigungswinkels an die elastische Linie positiv oder mit anderen Worten, das Vorzeichen der ersten Ableitung der Biegelinie und dasjenige des Drehungssinns der Stützenkopfverdrehung stimmen stets überein.

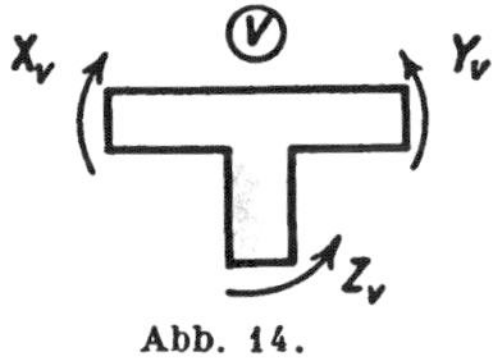

Abb. 14.

Die nachstehende Untersuchung beschränkt sich auf den häufig vorkommenden Fall waagerechter, gerader Riegel mit feldweise konstantem Trägheitsmoment. Den Stützenköpfen mögen die Verschiebungen Null, dagegen jeweils eine Verdrehung τ_ν zukommen. Als statisch unbestimmte Größen werden an einem beliebigen Stützenkopf (ν), die Riegelmomente X_ν und Y_ν eingeführt. Um Übereinstimmung der Vorzeichen auch bei den Biegemomenten und den positiven τ_ν sicherzustellen, ist der Durchlaufsinn[1]) (vgl. hierzu Stahlbau 1930, S. 55), wie in der Abb. 15 angedeutet, einzuführen, er fällt also mit den positiven

[1]) Ergänzend sei hier noch bemerkt, daß auf Grund der getroffenen Festsetzungen, durch alleinige Angabe des Durchlaufsinnes, sämtliche Spannkräfte M, N, Q für das ganze Tragwerk orientiert sind.

Koordinatenachsen, auf welche die Biegelinie bezogen ist, zusammen. Die Stützenkopfverdrehung τ_ν wird auf die Form

1) $$\tau_\nu = \varkappa_\nu Z_\nu = \varkappa_\nu (X_\nu - Y_\nu)$$

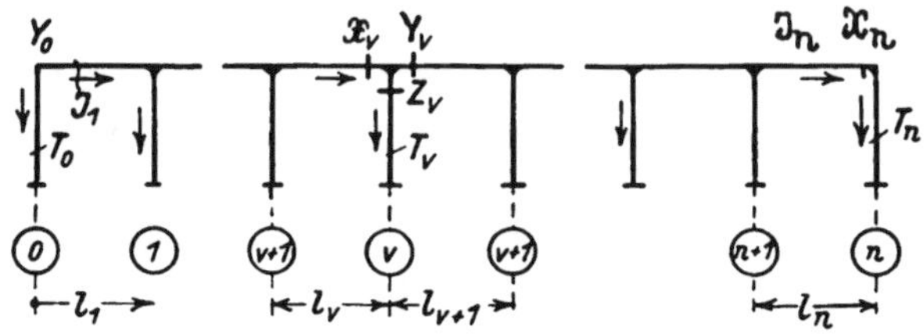

Abb. 15.

gebracht, wo $\varkappa_\nu$ das in einem bestimmten Fall konstante, i. allg. aber von Fall zu Fall verschiedene Maß der Einspannung am Stützenfuß bedeutet. Zweckmäßig wird allgemein für $\varkappa_\nu$ gesetzt:

2) $$\varkappa_\nu = \frac{h_\nu}{\mu_\nu E T_\nu},$$

wo also μ_ν als Einspannmaß anzusehen ist. Damit nimmt $\varkappa_\nu$ in den beiden Grenzfällen folgende Werte an:

a) bei voller Einspannung

$$\varkappa_{\nu_*} = \frac{h_\nu}{4 E T_\nu}, \quad \text{d. h.} \quad \mu_{\nu_*} = 4,$$

b) bei gelenkiger Lagerung

$$\varkappa_{\nu_0} = \frac{h_\nu}{3 E T_\nu}, \quad \text{d. h.} \quad \mu_{\nu_0} = 3.$$

Unter dieser Voraussetzung beträgt die Anzahl der Unbekannten, in jedem Fall, bei $(n - 1)$ Mittel- und zwei Endstützen

3) $$m = 2(n - 1) + 2 = 2n.$$

Die zur Verfügung stehenden Randbedingungen sind von gleicher Anzahl, denn es können $(n + 1)$ Aussagen über die Stützenkopfverdrehungen gemacht und $(n - 1)$ Werte von Senkungen der Stützenköpfe, gegenüber unmittelbar benachbarten, angegeben werden. Die Aussage über die Stützenkopfverdrehung ist weiter noch an die Voraussetzung gebunden, daß der Drehwinkel τ_ν gleich der Tangente an die Biegelinie im Punkte (ν) gleich gesetzt werden kann, was mit Rücksicht auf die Kleinheit des Winkels stets zulässig ist[1]).

[1]) Der in der Statik häufig angewandte Begriff der steifen Ecke hat keinen tieferen Sinn. Unter den in Wirklichkeit stets erfüllten Bedingungen der Endlichkeit der Werte M, E, J verschwindet die immer in Frage stehende Winkeldifferenz benachbarter Querschnitte gleichzeitig mit deren Abstand (vgl. Gl. 32, § 4).

Die zur Verfügung stehenden Formänderungsbedingungen, welche im übertragenen Sinne auch einfach als Randbedingungen bezeichnet werden sollen, lauten gemäß Gl. 1

I. Für den Stützenkopf ⓪

$$\tau_0 = -\varkappa_0 Y_0 = \frac{dy}{dx}\bigg|_{x=0} = \int_0^{l_1} \frac{\partial G(x,\xi)}{\partial x} \frac{M(\xi)}{EJ_1} d\xi = \int_0^{l_1} \frac{\partial G(x,\xi)}{\partial x} m(\xi) d\xi. \tag{4}$$

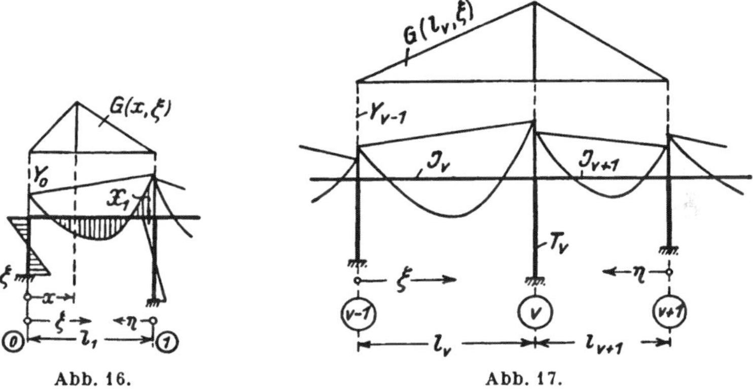

Abb. 16. Abb. 17.

II. An einem beliebigen mittleren Stützenkopf ⓥ

$$\zeta_\nu = \int_0^{l_\nu + l_{\nu+1}} G(l_\nu, \xi) \frac{M(\xi)}{EJ(\xi)} d\xi = \int_0^{l_\nu + l_{\nu+1}} G(l_\nu, \xi)\, m(\xi)\, d\xi \tag{5}$$

$$\tau_\nu = \frac{dy}{dx}\bigg|_{x=l_\nu} = \int_0^{l_\nu + l_{\nu+1}} \frac{\partial G(x,\xi)}{\partial x} \frac{M(\xi)}{EJ(\xi)} d\xi. \tag{6}$$

III. Am Kopf der Endstütze ⓝ

$$\tau_n = \varkappa_n X_n = \frac{dy}{dx}\bigg|_{x=l_n} = \int_0^{l_n} \frac{\partial G(x,\xi)}{\partial x} \frac{M(\xi)}{EJ_n} d\xi = \int_0^{l_n} \frac{\partial G(x,\xi)}{\partial x} m(\xi) d\xi. \tag{7}$$

Bei der Auswertung von Gl. 4 kommt für den Grenzfall $x = 0$ nur die Strecke zwischen x und $\xi = l_1$ in Betracht. Hierfür ist

$$\frac{\partial G(x,\xi)}{\partial x} = \frac{l_1 - \xi}{l_1} = \frac{\eta}{l_1}. \tag{8}$$

Somit ist unter Benutzung der Gegenkoordinate η:

$$-\varkappa_0 Y_0 = \int^{l} \frac{l_1 - \xi}{l_1} \frac{M(\xi)}{EJ_1} d\xi = -\int_{l_1}^{0} \frac{\eta}{l_1} \frac{M(\eta)}{EJ_1} d\eta = \int_0^{l_1} \frac{\eta}{l_1} \frac{M(\eta)}{EJ_1} d\eta. \tag{9}$$

Der Wert dieses Integrals, soweit er von den Momenten Y_0 und X_1 herrührt, kann sofort aus einer δ_{ik}-Tafel entnommen werden und, wenn wieder $\mathfrak{M}(x)$ das einfache Balkenmoment bedeutet, folgt aus Gl. 9

$$-\varkappa_0 Y_0 = -\frac{h_0}{\mu_0 E T_0} Y_0 = l_1 \frac{2 Y_0 + X_1}{6 E J_1} + \int_0^{l_1} \frac{\mathfrak{M}(\eta)\, \eta\, d\eta}{E J_1 l_1}$$

woraus schließlich bei konstantem E und Multiplikation der ganzen Gleichung mit $6 E J_c$ die erste Elastizitätsgleichung folgt:

$$\text{IV)} \quad \boxed{\left[\frac{6 h_0}{\mu_0} \frac{J_c}{T_0} + 2 l_1 \frac{J_c}{J_1}\right] Y_0 + l_1 \frac{J_c}{J_1} X_1 = -\frac{6}{l_1} \frac{J_c}{J_1} \int_0^{l_1} \mathfrak{M}(\eta)\, \eta\, d\eta.}$$

Der Wert des Integrals auf der rechten Seite wird vielleicht wieder am einfachsten aus einer δ_{ik}-Tafel entnommen. Bei Verwendung von Kreuzlinienabschnitten $k_{\nu l}$ und $k_{\nu r}$ nehmen die rechten Seiten einfachere Formen an, was für praktische Zwecke kurz angeschrieben werden soll. Der linke bzw. rechte Kreuzlinienabschnitt des ν-Feldes (s. Abb. 18) ist definiert durch

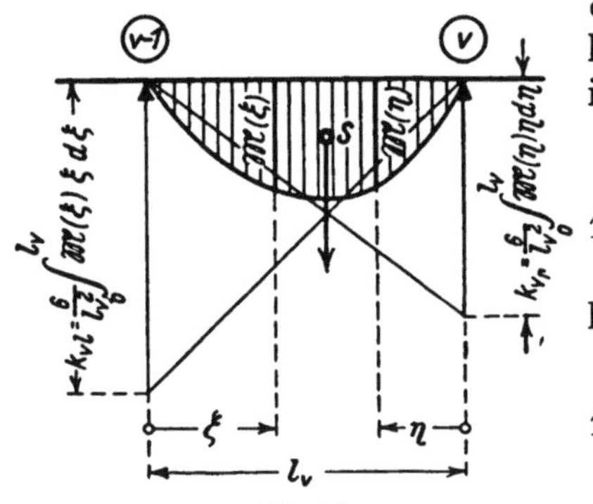

Abb. 18.

$$10) \quad k_{\nu l} = \frac{6}{l_\nu^2} \int_0^{l_\nu} \mathfrak{M}(\xi)\, \xi\, d\xi,$$

bzw.

$$11) \quad k_{\nu r} = \frac{6}{l_\nu^2} \int_0^{l_\nu} \mathfrak{M}(\eta)\, \eta\, d\eta.$$ [1]

Unter Benutzung dieser Werte kann für die rechte Seite in Gl. IV geschrieben werden:

$$12) \quad -\frac{6}{l_1} \frac{J_c}{J_1} \int_0^{l_1} \mathfrak{M}(\eta)\, \eta\, d\eta = -\frac{J_c}{J_1} k_{1r} \cdot l_1.$$

Die Auswertung der Gl. 5 kann am einfachsten im Anschluß an Gl. 3 von Beispiel 4 erfolgen; und es würde die Viermomentengleichung

[1] Eine für die Zwecke der Praxis sehr brauchbare Zusammenstellung von $k_{l,\nu}$ Werten befindet sich bei Mörsch, Der durchlaufende Träger, 1928, S. 17 ff.

$$13)\qquad \zeta_\nu = \frac{\dfrac{l_\nu \cdot l_{\nu+1}}{6E(l_\nu + l_{\nu+1})}\left[\dfrac{Y_{\nu-1} + 2X_\nu}{J_\nu} l_\nu + \dfrac{2Y_\nu + X_{\nu+1}}{J_{\nu+1}} l_{\nu+1}\right] + }{+\dfrac{l_{\nu+1}}{l_\nu + l_{\nu+1}}\displaystyle\int_0^{l_\nu} \dfrac{\mathfrak{M}(\xi)\,\xi\,d\xi}{EJ_\nu} + \dfrac{l_\nu}{l_\nu + l_{\nu+1}}\int_0^{l_{\nu+1}} \dfrac{\mathfrak{M}(\eta)\,\eta}{EJ_{\nu+1}}\,d\eta}$$

erhalten werden. Die Auswertung der Gl. 6 würde zu folgenden Gleichungen führen:

$$14)\qquad \tau_\nu = \varkappa_\nu (X_\nu - Y_\nu) = \int_0^{l_\nu} \frac{-\xi}{l_\nu + l_{\nu+1}} \frac{M(\xi)}{EJ_\nu}\,d\xi + \int_{l_\nu}^{l_\nu + l_{\nu+1}} \frac{l_\nu + l_{\nu+1} - \xi}{l_\nu + l_{\nu+1}} \frac{M(\xi)}{EJ_{\nu+1}}\,d\xi.$$

Setzt man wieder

$$l_\nu + l_{\nu+1} - \xi = \eta;\ d\xi = -d\eta;\ M(\xi) = M(\eta),$$

dann folgt

$$15)\qquad \tau_\nu = \varkappa_\nu (X_\nu - Y_\nu) = \int_0^{l_\nu} \frac{-\xi}{l_\nu + l_{\nu+1}} \frac{M(\xi)}{EJ_\nu}\,d\xi + \int_{l_{\nu+1}}^{0} \frac{\eta}{l_\nu + l_{\nu+1}} \frac{M(\eta)}{EJ_{\nu+1}}(-d\eta).$$

Die weitere Auswertung von Gl. 15 würde als zweite Viermomentengleichung

$$16)\qquad \tau_\nu = \frac{h_\nu}{\mu_\nu E T_\nu}\left[X_\nu - Y_\nu\right] = -\frac{l_\nu^2 (2X_\nu + Y_{\nu+1})}{6(l_\nu + l_{\nu+1})EJ_\nu} + \frac{l_{\nu+1}^2 (2Y_\nu + X_{\nu+1})}{6(l_\nu + l_{\nu+1})EJ_{\nu+1}} - \int_0^{l_\nu} \frac{\mathfrak{M}(\xi)\,\xi\,d\xi}{(l_\nu + l_{\nu+1})EJ_\nu} + \int_0^{l_{\nu+1}} \frac{\mathfrak{M}(\eta)\,\eta\,d\eta}{(l_\nu + l_{\nu+1})EJ_{\nu+1}}$$

ergeben. Die beiden Gl. 13 und 16), die sich aus den Randbedingungen unmittelbar ergeben, sind für die praktische Rechnung weniger geeignet und lassen sich leicht durch zwei für den genannten Zweck geeignetere ersetzen. Hierfür seien zunächst folgende allgemein gültige Beziehungen entwickelt. Nach Gl. 34 und 35) von § 4 kann für die Biegelinie eines Balkens von der Stützweite l geschrieben werden:

$$17)\qquad y(x) = \int_0^l G(x,\xi) \frac{M(\xi)}{EJ(\xi)}\,d\xi$$

$$= (l - x)\int_0^x \frac{\xi}{l} \frac{M(\xi)}{EJ(\xi)}\,d\xi + x\int_x^l \frac{l-\xi}{l} \frac{M(\xi)}{EJ(\xi)}\,d\xi$$

18) $$\frac{dy}{dx}=\int_0^l \frac{\partial G(x,\xi)}{\partial x}\,\frac{M(\xi)}{EJ(\xi)}\,d\xi=-\int_0^x \frac{\xi}{l}\,\frac{M(\xi)}{EJ(\xi)}\,d\xi+\int_x^l \frac{l-\xi}{l}\,\frac{M(\xi)}{EJ(\xi)}\,d\xi.$$

Multipliziert man Gl. 18 mit $(l-x)$ und addiert dieselbe zu Gl. 17, dann folgt:

19) $$y(x)+(l-x)\frac{dy}{dx}=\int_x^l (l-\xi)\,\frac{M(\xi)}{EJ(\xi)}\,d\xi.$$

Multipliziert man Gl. 18 mit $(-x)$ und addiert sie abermals zu Gl. 17, dann ergibt sich jetzt:

20) $$y(x)-x\frac{dy}{dx}=\int_0^x \xi\,\frac{M(\xi)}{EJ(\xi)}\,d\xi.$$

Gl. 19 und 20) liefern nun die weiteren Elastizitätsgleichungen in der praktisch erwünschten Form. Setzt man in ihnen $x=l_\nu$ und $l=l_\nu+l_{\nu+1}$, so folgt unter der Voraussetzung, daß $y(l_\nu)=\zeta_\nu$ verschwindet, aus Gl. 20 für die Efache Verdrehung:

$$-l_\nu\tau_\nu E=-l_\nu\varkappa_\nu(X_\nu-Y_\nu)=-l_\nu\frac{h_\nu}{\mu_\nu T_\nu}[X_\nu-Y_\nu]=\int_0^{l_\nu}\frac{\xi\,M(\xi)\,d\xi}{J_\nu}.$$

Die weitere Auflösung dieser Gleichung liefert die zweite Elastizitätsgleichung:

V) $$l_\nu\cdot\frac{J_c}{J_\nu}Y_{\nu-1}+\left[\frac{6\,h_\nu}{\mu_\nu}\,\frac{J_c}{T_\nu}+2\,l_\nu\frac{J_c}{J_\nu}\right]X_\nu-\frac{6\,h_\nu}{\mu_\nu}\,\frac{J_c}{T_\nu}Y_\nu=$$
$$=-\frac{6\,J_c}{l_\nu J_\nu}\int_0^{l_\nu}\xi\,\mathfrak{M}(\xi)\,d\xi=-\frac{J_c}{J_\nu}l_\nu k_{\nu\,l}.$$

Ebenso folgt aus Gl. 19 für die Efache Verdrehung:

$$l_{\nu+1}\tau_\nu E=l_{\nu+1}\frac{h_\nu}{\mu_\nu T_\nu}(X_\nu-Y_\nu)=\int_{l_\nu}^{l_\nu+l_{\nu+1}}\frac{l_\nu+l_{\nu+1}-\xi}{J_{\nu+1}}M(\xi)\,d\xi=\int_0^{l_{\nu+1}}\frac{\eta\,M(\eta)\,d\eta}{J_{\nu+1}},$$

woraus wie vor die dritte Elastizitätsgleichung entsteht:

VI) $$\frac{-6\,h_\nu}{\mu_\nu}\,\frac{J_c}{T_\nu}X_\nu+\left[\frac{6\,h_\nu}{\mu_\nu}\,\frac{J_c}{T_\nu}+2\,l_{\nu+1}\frac{J_c}{J_{\nu+1}}\right]Y_\nu+l_{\nu+1}\frac{J_c}{J_{\nu+1}}X_{\nu+1}=$$
$$=\frac{-6\,J_c}{l_{\nu+1}J_{\nu+1}}\int_0^{l_{\nu+1}}\mathfrak{M}(\eta)\,\eta\,d\eta=\frac{-J_c}{J_{\nu+1}}l_{\nu+1}k_{\nu+1,r}.$$

In gleicher Weise folgt nun aus Gl. 7 an dem letzten Stützenkopf:

$$\frac{h_n}{\mu_n T_n} \cdot X_n = -\int_0^{l_n} \frac{\xi}{l_n} \frac{M(\xi)\, d\xi}{J_n} = -\frac{l_n}{6} \frac{2 X_n + Y_{n-1}}{J_n} - \int_0^{l_n} \frac{\mathfrak{M}(\xi)\, \xi\, d\xi}{l_n J_n},$$

woraus schließlich als vierte und letzte Bedingungsgleichung folgt:

$$\text{VII)} \quad l_n \frac{J_c}{J_n} Y_{n-1} + \left[\frac{6 h_n}{\mu_n} \frac{J_c}{T_n} + 2 l_n \frac{J_c}{J_n}\right] X_n = = \frac{-6 J_c}{l_n J_n} \int_0^{l_n} \mathfrak{M}(\xi)\, \xi\, d\xi = \frac{-J_c}{J_n} l_n k_{nl}.$$

Hiermit ist also, wie es Lewe schon an a. O. dargetan hat, mit anderen Mitteln gezeigt, daß ein durchlaufender Rahmenzug, unter den gemachten Voraussetzungen, mit Hilfe eines Systems von dreigliedrigen Gleichungen berechnet werden kann. Zum Aufzeichnen der Momentenfläche für die Stützen sei daran erinnert, daß bei voller Einspannung der Stützenfüße der Momentennullpunkt in $^2/_3$ der Stützenhöhe liegt.

Beispiel 6. Hier soll kurz gezeigt werden, wie mit Hilfe von Gl. 34 und 35) in § 4 die Differentialgleichung des elastisch eingebetteten Stabes, welcher außer einer stetigen Last $p(x)$ noch durch eine

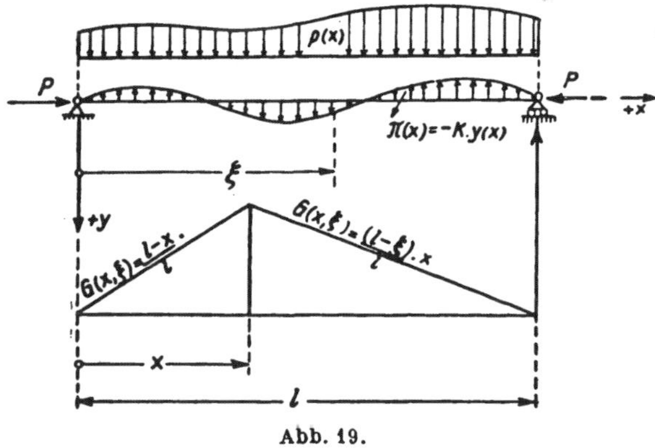

Abb. 19.

Längsdruckkraft P beansprucht ist, gefunden werden kann. Durch die Ausbiegung $y(x)$ entstehen in dem elastischen Medium der Ausbiegung entgegenwirkende Pressungen $\pi(x)$, deren Größe linear proportional y angenommen sei. Wird $p(x)$ in Richtung der $+y$ positiv gezählt, so entspricht daher einem positiven y ein negatives $\pi(x)$, d. h.

$$1) \qquad \pi(x) = -\varkappa \cdot y(x).$$

Der Stab sei so gelagert, daß $y(0) = y(l) = 0$ ist. Nun lautet bekanntlich die Differentialgleichung der elastischen Linie

$$\frac{d^2 y}{d x^2} = -\frac{M(x)}{E J}. \tag{2}$$

Hier sei J konstant. Unter Benutzung der Ergebnisse in Beispiel 1 kann $M(x)$ in der Form geschrieben werden

$$\begin{aligned} M(x) &= P y(x) + \int_0^l \eta(x,\xi)[\pi(\xi) + p(\xi)]\, d\xi = \\ &= P y - \varkappa \int_0^l \eta(x,\xi)\, y(\xi)\, d\xi + \int_0^l \eta(x,\xi)\, p(\xi)\, d\xi. \end{aligned} \tag{3}$$

Trägt man diesen Wert für $M(x)$ in Gl. 2 ein, dann lautet diese

$$E J \frac{d^2 y}{d x^2} = -P y + \int_0^l \eta(x,\xi)[\varkappa y(\xi) - p(\xi)]\, d\xi. \tag{4}$$

Diese Gleichung, welche die unbekannte Funktion $y(x)$ unter einem Integralzeichen und daneben deren Ableitungen enthält, wird durch Herausschaffen der Integrale ihrer Lösung entgegengeführt. Durch einmalige Differentiation folgt

$$E J \frac{d^3 y}{d x^3} = -P \frac{d y}{d x} + \int_0^l \frac{\partial \eta(x,\xi)}{\partial x}[\varkappa y(\xi) - p(\xi)]\, d\xi. \tag{5}$$

Gl. 5 kann in dieser Form geschrieben werden, da $\eta(x,\xi)$ intervallweise differenzierbar ist. Die Ableitung $\eta'_x(x,\xi)$ hat in den verschiedenen Intervallen verschiedene Ausdrücke und genügt außerdem in $\xi = x$ der geforderten Sprungbedingung. Zum Zwecke einer nochmaligen Differentiation schreibt man daher Gl. 5 besser in der Form

$$\begin{aligned} E J \frac{d^3 y}{d x^3} = -P \frac{d y}{d x} &+ \int_0^x \frac{\partial \eta(x,\xi)}{\partial x}[\varkappa y(\xi) - p(\xi)]\, d\xi + \\ &+ \int_x^l \frac{\partial \eta(x,\xi)}{\partial x}[\varkappa \cdot y(\xi) - p(\xi)]\, d\xi, \end{aligned} \tag{5a}$$

woraus unter Beachtung, daß allgemein x als Parameter und bei $\xi = x$ als obere und untere Grenze gewertet werden muß

6) $$E J \frac{d^4 y}{d x^4} = -P \frac{d^2 y}{d x^2} + \int_0^x \frac{\partial^2 \eta(x,\xi)}{\partial x^2} [\varkappa y(\xi) - p(\xi)] \, d\xi + \\ + [\varkappa y(x) - p(x)] \frac{\partial \eta(x,\xi)}{\partial x} \Big|^{\xi = x-0} + \\ + \int_x^l \frac{\partial^2 \eta(x,\xi)}{\partial x^2} [\varkappa y(\xi) - p(\xi)] \, d\xi - \\ - [\varkappa y(x) - p(x)] \frac{\partial \eta(x,\xi)}{\partial x} \Big|_{\xi = x+0}$$

Schließlich folgt unter Beachtung der Sprungbedingung als Ergebnis

7) $$\frac{d^4 y}{d x^4} + \frac{P}{E J} \frac{d^2 y}{d x^2} + \frac{\varkappa}{E J} y = + \frac{p(x)}{E J}.$$

Betr. einer Anwendung dieser Gleichung auf die Untersuchung der Knicksicherheit offener Brücken vgl. Bauing. 1928, Heft 38/39.

§ 6. Die Differentialgleichung $\frac{d^4 u}{d x^4} = + \varphi(x)$ und ihre vollständige Lösung für die Randbedingungen $u(a) = u''(a) = u(b) = u''(b) = 0$.

Die vorstehende Gleichung vierter Ordnung folgt z. B. aus Gl. 4 in § 1, wenn dort $EJ = 1$ gesetzt wird. Um zu ihrer allgemeinen Lösung zu gelangen, soll ihre Greensche Funktion ähnlich wie es in § 4 für die Differentialgleichung zweiter Ordnung geschehen ist, aufgestellt werden. Der gewöhnliche Weg wäre nun wieder derjenige, wonach ein Fundamentalsystem der homogenen Gleichung

1) $$\frac{d^4 y}{d x^4} = 0$$

zu bestimmen sei. Setzt man dieses als bekannt voraus — es ist bekanntlich ein Polynom dritten Grades —, so liefert es mit entsprechenden Konstanten versehen wieder die Greensche Funktion.

Diese möge also für ξ als Aufpunkt lauten

a) im Intervall $(a \leq x < \xi)$

2) $G_1(x,\xi) = a_1 x^3 + a_2 x^2 + a_3 x + a_4$,

b) im Intervall $(\xi < x \leq b)$

3) $G_2(x,\xi) = b_1 x^3 + b_2 x^2 + b_3 x + b_4$.

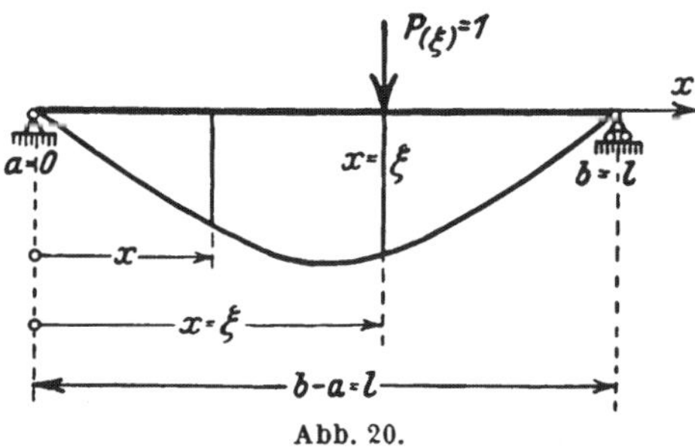

Abb. 20.

Aus diesen Gleichungen ist ersichtlich, daß die eindeutige Festlegung der Greenschen Funktion in den beiden Intervallen die Bestimmung von 8 Konstanten $a_1, \dots b_4$ notwendig macht. Die hierzu zur Verfügung stehenden Bedingungen setzen sich folgendermaßen zusammen. Vier Randbedingungen sind oben bereits angegeben, nämlich: $u(a) = u(b) = u''(a) = u''(b) = 0$, welche für den Fall, daß $u = y$ die Ordinate der elastischen Linie darstellen soll, das Verschwinden der Durchbiegung und der Momente an den Balkenenden bedeuten. Die noch fehlenden weiteren vier Bedingungen folgen am Aufpunkt $x = \xi$ der Last. Hier soll nämlich die Funktion selbst und ihre beiden ersten Ableitungen stetig sein, woraus drei Bedingungen folgen. Die letzte noch fehlende Bedingung ist wieder die für alle Greenschen Funktionen charakteristische Sprungbedingung. Genau wie bei Gl. 2 und 3) in § 4 folgt hier, wenn $\varphi(x)$ in dem kurzen Intervall $(\xi - \varepsilon \leq x \leq \xi + \varepsilon)$ von Null verschieden ist (s. Abb. 4), durch Integration der dann inhomogenen Gl. 1

4) $$\int_a^b \frac{d^4 y}{d x^4} d x = \int_{\xi-\varepsilon}^{\xi+\varepsilon} \frac{d}{d x}\left(\frac{d^3 y}{d x^3}\right) d x = \int_{\xi-\varepsilon}^{\xi+\varepsilon} \varphi(x)\, d x = P_{(\xi)},$$

und hieraus soll im Grenzfall, wo $\varepsilon \to 0$ geht, folgen

5) $$\left|\frac{d^3 y}{d x^3}\right|_{x=\xi-0}^{x=\xi+0} = y'''(\xi + 0) - y'''(\xi - 0) = +1.$$

Somit würden folgende acht Gleichungen bestehen

6,1) $$G_1(0, \xi) = a_4 = 0,$$

6,2) $$\left.\frac{d^2 G_1(x, \xi)}{d x^2}\right|_{x=0} = 2 a_2 = 0,$$

6,3) $$G_2(l, \xi) = b_1 l^3 + b_2 l^2 + b_3 l + b_4 = 0,$$

6,4) $$\left.\frac{d^2 G_2(x, \xi)}{d x^2}\right|_{x=l} = 6 b_1 l + 2 b_2 = 0$$

und bei $x = \xi$ gelten unter Beachtung, daß a_4 und a_2 gleich Null sind

6,5) $$G_1(\xi, \xi) - G_2(\xi, \xi) = a_1 \xi^3 + a_3 \xi - b_1 \xi^3 - b_2 \xi^2 - b_3 \xi - b_4 = 0,$$

6,6) $$\left.\frac{d G_1(x, \xi)}{d x}\right|_{x=\xi} - \left.\frac{d G_2(x, \xi)}{d x}\right|_{x=\xi} = $$
$$= 3 a_1 \xi^2 + a_3 - 3 b_1 \xi^2 - 2 b_2 \xi - b_3 = 0,$$

6,7) $$\left.\frac{d^2 G_1(x, \xi)}{d x^2}\right|_{x=\xi} - \left.\frac{d^2 G_2(x, \xi)}{d x^2}\right|_{x=\xi} = 6 a_1 \xi - 6 b_1 \xi - 2 b_2 = 0,$$

6,8) $$\left.\frac{d^3 G_1(x, \xi)}{d x^3}\right|_{x=\xi} - \left.\frac{d_3 G_2(x, \xi)}{d x^3}\right|_{x=\xi} = 6 (a_1 - b_1) = -1.$$

Löst man dieses Gleichungssystem nach den Unbekannten $a_1, \ldots . b_4$ auf, so folgt für diese

$$a_1 = \frac{\xi - l}{6\,l}, \quad a_2 = 0, \quad a_3 = \frac{2\,l^2\xi + \xi^3 - 3\,l\xi^2}{6\,l}, \quad a_4 = 0,$$

$$b_1 = \frac{+\xi}{6\,l}; \quad b_2 = \frac{-\xi}{2}; \quad b_3 = \frac{2\,l^2\xi + \xi^3}{6\,l}, \quad b_4 = \frac{-\xi^3}{6}$$

und damit hätte man gemäß den Gl. 2 und 3) für die Greensche Funktion die Ausdrücke

a) im Intervall $0 \leq x \leq \xi$

$$7) \qquad G(x, \xi) = \frac{(\xi - l)\,x^3}{6\,l} + \frac{(2\,l^2\,\xi + \xi^3 - 3\,l\,\xi^2)\,x}{6\,l} = \\ = \frac{x\,(l - \xi)}{6\,l}\,(2\,l\xi - x^2 - \xi^2)$$

b) im Intervall $\xi \leq x \leq l$

$$8) \qquad G(x, \xi) = \frac{\xi}{6\,l}\,x^3 - \frac{\xi x^2}{2} + \frac{2\,l^2\,x\xi + x\xi^3}{6\,l} - \frac{\xi^3}{6} = \\ = \xi\,\frac{(l - x)}{6\,l}\,[2\,l\,x - \xi^2 - x^2].$$

Nun könnte man ähnlich wie in § 4 Gl. 17 und Gl. 18 wieder die Greensche Formel aufstellen, welche hier lauten würde

$$9) \qquad \int_a^b \left(v \cdot \frac{d^4 u}{d\,x^4} - u\,\frac{d^4 v}{d\,x^4}\right) d\,x = \left| v\,\frac{d^3 u}{d\,x^3} - \frac{d\,v}{d\,x}\,\frac{d^2 u}{d\,x^2} + \frac{d^2 v}{d\,x^2}\,\frac{d\,u}{d\,x} - \frac{d^3 v}{d\,x^3}\,u \right|_a^b$$

und damit zunächst die Symmetrie der gefundenen Greenschen Funktion beweisen und daran anschließend zeigen, daß die allgemeine Lösung $u(x)$ wieder auf die Form gebracht werden kann:

$$10) \; u(x) = \int_0^l G(x,\xi)\,\varphi(\xi)\,d\xi + \sum_{\nu=1}^{n} P_\nu G(x,\nu) \equiv \int_0^l \eta(x,\xi)\,\varphi(\xi)\,d\xi + \sum_{\nu=1}^{n} P_\nu\,\eta(x,\nu).$$

In Gl. 10 ist nun mit x der Aufpunkt und mit ξ die laufende Koordinate bezeichnet worden. Dementsprechend sind auch in den Gl. 7 und 8) die Werte ξ und x zu vertauschen. Da die beiden Gleichungen aber durch die Symmetrie der Greenschen Funktion durch Vertauschung von x und ξ auseinander hervorgehen, so läuft die Vertauschung von ξ und x wieder auf eine Vertauschung der Intervalle hinaus, und daher gilt für $G(x,\xi) \equiv \eta(x,\xi)$ mit x als Aufpunkt ohne weiteres

a) im Intervall $0 \leq \xi \leq x$

$$11)\qquad G_1(x,\xi) = \frac{x^3\xi - 3\,l x^2 \xi + 2\,l^2 x\xi + x\xi^3 - l\xi^3}{6\,l} = \\ = \frac{\xi\,(l - x)\,(2\,l x - \xi^2 - x^2)}{6\,l},$$

b) im Intervall $x \leq \xi \leq l$

$$12)\qquad G_2(x,\xi) = \frac{\xi^3 x - 3\,l \xi^2 x + 2\,l^2 \xi\, x + \xi\, x^3 - l\,x^3}{6\,l} = \\ = \frac{x\,(l - \xi)\,(2\,l\xi - x^2 - \xi^2)}{6\,l}$$

und da ξ jetzt laufende Koordinate, so wird aus der Sprungbedingung Gl. 5 in Übereinstimmung mit Gl. 6,8

$$13)\qquad \left|\frac{d^3 y}{d\xi^3}\right|_{\xi=x-0}^{\xi=x+0} = \left|\frac{\partial^3 G(x,\xi)}{\partial \xi^3}\right|_{\xi=x-0}^{\xi=x+0} = +1.$$

Aus der Lösung Gl. 10 ist zunächst folgendes zu ersehen. Die geläufigen Anwendungen des Prinzips der virtuellen Verrückungen in der Baustatik geben die Lösung von Problemen, welche von gewöhnlichen Differentialgleichungen zweiter Ordnung beherrscht werden, in der Form der Gl. 34 und 35) von § 4. Handelt es sich beispielsweise um die Ermittlung der Biegelinie eines Stabes, so werden, entsprechend dem üblichen Rechnungsgange, zunächst die Biegemomente und mit diesen als neuer, ideeller Belastung die Biegelinie schließlich selbst gefunden. Die Lösung einer Aufgabe vierter Ordnung erfolgt also hier in zwei Stufen. Die Gl. 10 zeigt, daß die Lösung einer Aufgabe als Randwertproblem von der jeweiligen Ordnung vollkommen unabhängig ist und stets in einer Stufe erhalten wird. Für die praktische Durchführung einer Aufgabe dürfte indessen in der überwiegenden Mehrzahl der Fälle der bisherige Rechnungsgang beizubehalten sein, denn alle die Aufgaben, deren Greenschen Funktion linear ist, lassen sich leicht mit dem Lineal zeichnerisch lösen oder richtiger gesagt mittels der Methode Kraft- und Seileck und im übrigen liegen, für die rechnerische Behandlung, sehr viele Hilfswerte in Tabellenform vor.

Die Möglichkeit, daß die Greensche Funktion in Gl. 10 gestattet, die gestellte Aufgabe in einer Stufe zu erledigen, läßt es berechtigt erscheinen, sie als eine Einflußlinie höherer Ordnung anzusprechen.

Diese Bezeichnung dürfte auch darin ihre weitere Berechtigung finden, als alle niederen Einflußlinien aus ihr, und zwar lediglich durch Differentiation nach dem Aufpunkt abgeleitet werden können, wie nunmehr gezeigt werden soll. Aus Gl. 10 folgt unter Beachtung der Gl. 11 und 12) für die Tangente im Punkte $\xi = x$

14) $$\frac{du}{dx} = \int_0^l \frac{\partial G(x,\xi)}{\partial x} \varphi(\xi)\, d\xi.$$

Wie aus den Gl. 11 und 12) folgt, hat $\frac{\partial G(x,\xi)}{\partial x}$ verschiedene Ausdrücke in den beiden Intervallen. Man erhält mit der dort gewählten Benennung

15) $$\frac{\partial G_1(x,\xi)}{\partial x} = \frac{(3x^2 - 6lx + 2l^2)\xi + \xi^3}{6l}$$

16) $$\frac{\partial G_2(x,\xi)}{\partial x} = \frac{(3x^2 + 2l^2)\xi - 3l\xi^2 + \xi^3 - 3lx^2}{6l}$$

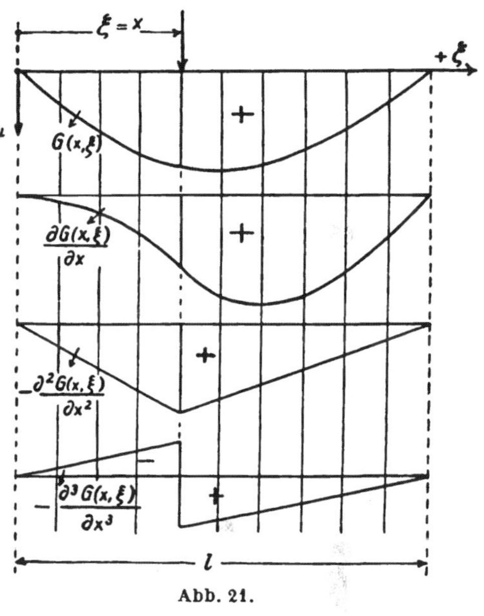

Abb. 21.

und diese Gleichungen, welche als die Ableitung der Greenschen Funktion nach dem Aufpunkt bezeichnet werden sollen, stellen ersichtlich die Einflußlinie für die Verdrehung $\tau_{x\xi}$ im Punkte x infolge einer Last $P(\xi)$ dar. Diese Ableitung ist nicht symmetrisch in x und ξ und bedeutet statisch, daß die Verdrehung $\tau_{x\xi}$, hervorgerufen durch $P(\xi)$ im Punkte x ungleich der Verdrehung $\tau_{\xi x}$ ist, welche durch $P_{(x)}$ im Punkte ξ hervorgerufen wird. Für die zweite Ableitung der gesuchten Funktion $u(x)$ folgt

17) $$\frac{d^2u}{dx^2} = \int_0^l \frac{\partial^2 G(x,\xi)}{\partial x^2} \varphi(\xi)\, d\xi =$$
$$= \int_0^x \frac{(x-l)\cdot\xi}{l} \cdot \varphi(\xi)\, d\xi + \int_x^l \frac{(\xi-l)\cdot x}{l} \varphi(\xi)\, d\xi.$$

In den beiden Ausdrücken für die zweite Ableitung der Greenschen Funktion nach dem Aufpunkt erkennt man, statisch gedeutet, die mit negativem Vorzeichen behaftete Gleichung der Einflußlinie für das Biegemoment im Punkte x wieder, welche nach den Ermittlungen in § 4 mit der Greenschen Funktion für die dort betrachtete Differentialgleichung und den bekannten Randbedingungen identisch ist. Hieraus folgt auch weiter, daß die Greensche Funktion Gl. 11/12) die iterierte der Gl. 15/16) von § 4 ist. Für die dritte Ableitung folgt aus Gl. 17)

$$18)\qquad \frac{d^3 u}{d x^2} = \int_0^l \frac{\partial^3 G(x,\xi)}{\partial x^3}\,\varphi(\xi)\,d\xi = \int_0^x \frac{\xi}{l}\cdot\varphi(\xi)\,d\xi + \int_x^l \frac{\xi - l}{l}\,\varphi(\xi)\,d\xi .$$

Ähnlich wie vor erkennt man hier in den Werten der dritten Ableitung nach dem Aufpunkt die Gleichung der Einflußlinie (mit negativen Vorzeichen) für die Querkraft im Punkte x. Die Greensche Funktion und ihre Ableitungen nach dem Aufpunkt x sind in Abb. 21 dargestellt. Man erkennt im Punkte x die Stetigkeit der beiden ersten Ableitungen, den Sprung der dritten Ableitung und die Symmetrie der Greenschen Funktion und ihrer zweiten Ableitung bzw. die Nichtsymmetrie der Ableitungen ungrader Ordnung. Die Symmetrie der Greenschen Funktion selbst gestattet ein einfaches Anschreiben der Gleichung der Biegelinie. Kennt man nämlich diese Gleichung in einem Intervall, so wird sie in dem anderen durch einfaches Vertauschen von x und ξ erhalten, wobei natürlich die Bedeutung der Koordinaten, ob Aufpunkt oder laufende Koordinate, dieselbe bleibt. Die Ableitungen der Greenschen Funktion nach der l a u f e n d e n K o o r d i n a t e ξ lauten der Reihe nach

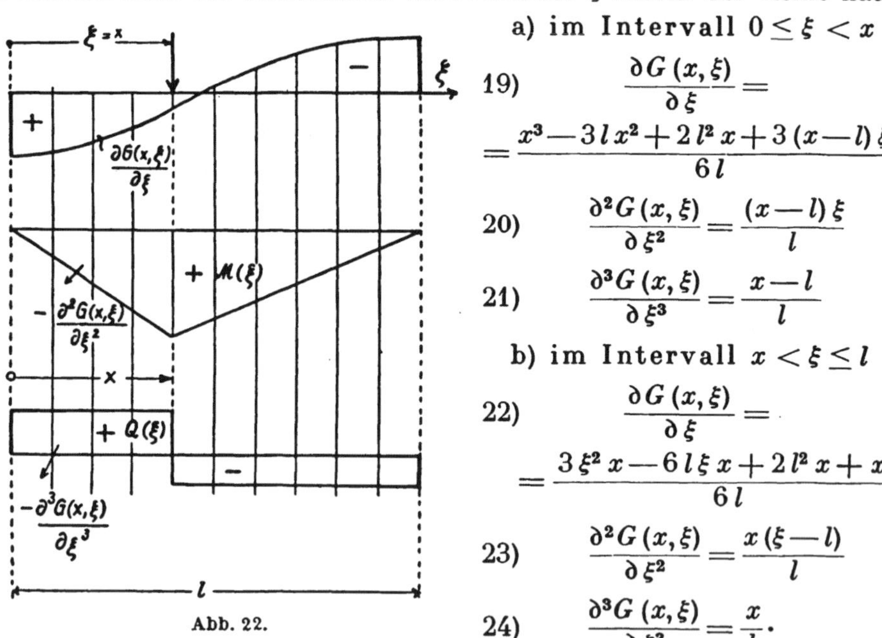

Abb. 22.

a) im Intervall $0 \leq \xi < x$

$$19)\qquad \frac{\partial G(x,\xi)}{\partial \xi} = \frac{x^3 - 3 l x^2 + 2 l^2 x + 3(x - l)\xi^2}{6 l}$$

$$20)\qquad \frac{\partial^2 G(x,\xi)}{\partial \xi^2} = \frac{(x - l)\xi}{l}$$

$$21)\qquad \frac{\partial^3 G(x,\xi)}{\partial \xi^3} = \frac{x - l}{l}$$

b) im Intervall $x < \xi \leq l$

$$22)\qquad \frac{\partial G(x,\xi)}{\partial \xi} = \frac{3\xi^2 x - 6 l \xi x + 2 l^2 x + x^3}{6 l}$$

$$23)\qquad \frac{\partial^2 G(x,\xi)}{\partial \xi^2} = \frac{x(\xi - l)}{l}$$

$$24)\qquad \frac{\partial^3 G(x,\xi)}{\partial \xi^3} = \frac{x}{l}.$$

Diese Werte sind neben in Abb. 22 aufgetragen und können statisch wie folgt gedeutet werden. Die erste Ableitung $\frac{\partial G(x,\xi)}{\partial \xi}$ stellt die Verdrehung der Stabachse im Punkte ξ dar, wenn in x die Last 1 angreift. Der Maxwellsche Satz sagt dann aus, daß die Durchbiegung $\delta_{x\xi}$ unter der Last $P = 1$ in x infolge $M = 1$ in ξ ebenso groß ist wie die vorerwähnte Verdrehung $\tau_{x\xi}$ im Punkte ξ. (Vgl. hierzu noch Kammer, Der durchlaufende Träger über ungleichen Öffnungen, S. 21.) Unter Beachtung der entsprechenden Vorzeichen liefert die zweite Ableitung nach der laufenden Koordinate die Balkenmomente und die dritte Ableitung die Querkräfte, d. h. zusammengefaßt:

Die Greensche Funktion Gl. 11/12) selbst ist Einflußlinie für die Durchbiegung im Aufpunkt x. Ihre ersten drei Ableitungen nach dem Aufpunkt x stellen unter Berücksichtigung der Vorzeichen nacheinander die Einflußlinie: 1. für die Verdrehung τ_x, 2. für das Biegemoment $M(x)$ und 3. für die Querkraft $Q(x)$ im Punkte x, als Funktion der laufenden Koordinate ξ mit x als Parameter dar. In ähnlicher Weise geben die drei ersten Ableitungen der Greenschen Funktion nach der laufenden Koordinate unter Berücksichtigung der Vorzeichen: 1. die Neigung der Biegelinie, 2. die Momenten- und 3. die Querkraftfläche. In der Theorie der linearen Integralgleichungen bezeichnet Hilbert die Greensche Funktion, mit der sich also die gesuchten Lösungen quellenmäßig darstellen lassen, auch als Kern einer Integralgleichung. Die vorstehende Untersuchung kann als einfaches Beispiel dafür angesehen werden, wie treffend diese Bezeichnung gewählt ist.

Als Abschluß dieses Paragraphen soll nun kurz angedeutet werden, wie die vorstehende Untersuchung zur Berechnung des durchlaufenden Trägers auf elastischen Stützen benutzt werden könnte. Die Untersuchung sei an dem Balken nach Abb. 23 durchgeführt. Im Punkte ξ

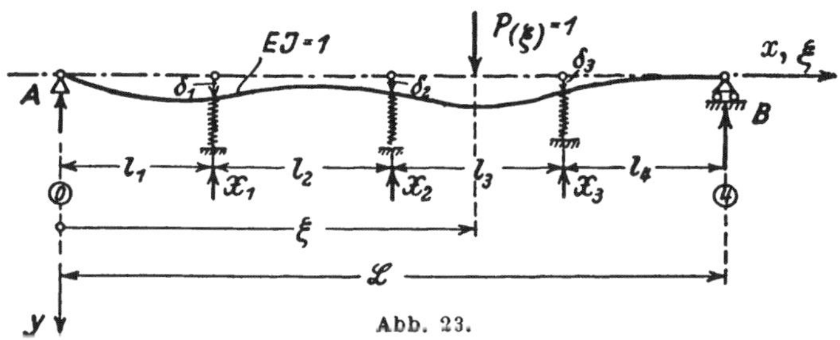

Abb. 23.

greife eine äußere Last $P_{(\xi)} = 1$ an, welche die Stützdrücke $X_{1,2,3}$ erzeugt. Wären diese Stützdrücke, welche hier mit zu den äußeren Lasten gerechnet werden müssen, bekannt, dann würde nach Gl. 10 für $u = y$ sofort folgen bei dem angenommenen Richtungssinn der Unbekannten und der Last $P_{(\xi)}$

25) $$y(x) = P_{(\xi)}\eta(x,\xi) - X_1\eta(x,\xi_1) - X_2\eta(x,\xi_2) - X_3\eta(x,\xi_3).$$

Die notwendigen Bestimmungsgleichungen für die Unbekannten $X_{1,2,3}$ folgen auch aus Gl. 25). Kann die Durchbiegung $y(x)$ an der Angriffsstelle x_ν der Unbekannten X_ν auf die Form

26) $$y(x_\nu) = \delta_\nu + \lambda_\nu X_\nu$$

gebracht werden, so würden die Elastizitätsgleichungen lauten

27) $$y(x_\nu) = \delta_\nu + \lambda_\nu X_\nu = P_{(\xi)} G(x_\nu, \xi) - \sum_{\varkappa=1}^{3} \eta(x_\nu, \xi_\varkappa) X_\varkappa \qquad (\nu = 1,2,3)$$

oder vollständig angeschrieben für $P_\xi = 1$

28) $$\left\{\begin{array}{l} [\eta(x_1,x_1)+\lambda_1] X_1 + \eta(x_1,x_2) X_2 + \eta(x_1,x_3) X_3 = \eta(x_1,\xi) - \delta_1 \\ \eta(x_2,x_1) X_1 + [\eta(x_2,x_2)+\lambda_2] X_2 + \eta(x_2,x_3) X_3 = \eta(x_2,\xi) - \delta_2 \\ \eta(x_3,x_1) X_1 + \eta(x_3,x_2) X_3 + [\eta(x_3,x_3)+\lambda_3] X_3 = \eta(x_3,\xi) - \delta_3 \end{array}\right.$$

Die Auflösung dieser Gleichungen erfolgt am besten getrennt für den konstanten Teil der Stützensenkungen (δ_ν) und für die äußere Belastung. Bei letzterer werden sofort die Einflußlinien für die Unbekannten X_ν erhalten, da in die Lösung $\eta(x_\nu, \xi)$ als Funktion von ξ eingeht. Trägt man diese Werte $X_\nu(\xi)$ in Gl. 25 ein, dann hat man in

29) $$y(x) = \eta(x,\xi) - X_1(\xi)\eta(x,\xi_1) - X_2(\xi)\eta(x,\xi_2) - X_3(\xi)\eta(x,\xi_3)$$

die Gleichung der Einflußlinie für die Durchbiegung im Punkte x als Funktion von ξ. Ähnlich wie oben würden hieraus durch wiederholte Differentiation nach x die Einflußlinien für das Biegemoment und die Querkraft im Punkte x und durch Differentiation nach ξ Momente und Querkräfte folgen, welche der Belastung $P(x) = 1$ entsprechen.

§ 7. Die Differenzengleichung $D(\eta_\nu) \equiv a_\nu \eta_{\nu-1} + b_\nu \eta_\nu + c_\nu \eta_{\nu+1} = 0$, ihre Greensche Formel und ihre Greensche Funktion.

Zwecks erleichterter und allgemeinerer Behandlung der nachfolgenden Aufgaben soll hier kurz im Anschluß an Funk (s. dessen Buch über Differenzengleichungen § 4, Verlag Springer 1920) die wichtigsten Dinge, soweit deren Kenntnis für die Folge erwünscht ist, zusammengestellt werden. Die Gleichung hat, wie ersichtlich, veränderliche Koeffizienten, ihr Definitionsbereich sei auf die $(n+2)$ Punkte $0, 1, 2 \ldots . (n+1)$ beschränkt, und als Randbedingungen soll stets angenommen werden

1) $$\eta_0 = \eta_{n+1} = 0.$$

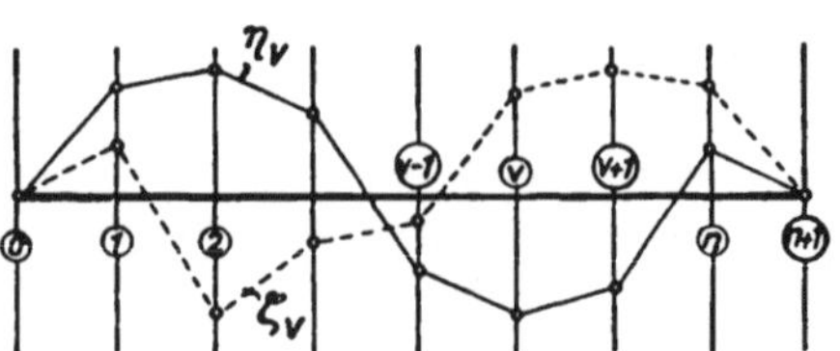

Abb. 24.

Übersichtlich angeschrieben lauten die Differenzengleichungen, wobei nur die Stellen $\nu = 1, 2 \ldots . n$ in Betracht zu ziehen sind,

$$2)\quad \left\{\begin{array}{ll} a_1\eta_0 + b_1\eta_1 + c_1\eta_2 = 0 & \zeta_1 \\ a_2\eta_1 + b_2\eta_2 + c_2\eta_3 = 0 & \zeta_2 \\ \ldots & \vdots \\ a_{\nu-1}\eta_{\nu-2} + b_{\nu-1}\eta_{\nu-1} + c_{\nu-1}\eta_\nu = 0 & \zeta_{\nu-1} \\ a_\nu\eta_{\nu-1} + b_\nu\eta_\nu + c_\nu\eta_{\nu+1} = 0 & \zeta_\nu \\ + a_{\nu+1}\eta_\nu + b_{\nu+1}\eta_{\nu+1} + c_{\nu+1}\eta_{\nu+2} = 0 & \zeta_{\nu+1} \\ \ldots & \vdots \\ a_n\eta_{n-1} + b_n\eta_n + c_n\eta_{n+1} = 0 & \zeta_n \end{array}\right.$$

Multipliziert man nun die ν-Gleichung in 2) wie neben angedeutet, mit dem zunächst ganz beliebig gedachten Wert ζ_ν, addiert sämtliche Gleichungen und ordnet dabei einmal in bezug auf ζ_ν und dann auf η_ν, dann ergibt sich, wie man durch Ausrechnen leicht bestätigt,

$$3)\quad \sum_{\nu=1}^{n} \zeta_\nu D(\eta_\nu) \equiv \eta_0 a_1 \zeta_1 + \eta_1 (b_1\zeta_1 + a_2\zeta_2) + \eta_2 (c_1\zeta_1 + b_2\zeta_2 + a_3\zeta_3) + \ldots . + \eta_\nu (c_{\nu-1}\zeta_{\nu-1} + b_\nu\zeta_\nu + a_{\nu+1}\zeta_{\nu+1}) + \ldots . + \eta_n (c_{n-1}\zeta_{n-1} + b_n\zeta_n) + \eta_{n+1} c_n \zeta_n.$$

In den Klammern erkennt man das Auftreten eines neuen Differenzenausdrucks

$$4)\quad \Delta(\zeta_\nu) = c_{\nu-1}\zeta_{\nu-1} + b_\nu\zeta_\nu + a_{\nu+1}\zeta_{\nu+1},$$

welcher als der zu dem Differenzenausdruck $D(\eta_\nu) \equiv a_\nu\eta_{\nu-1} + b_\nu\eta_\nu + c_\nu\eta_{\nu+1}$ adjungierte Differenzenausdruck bezeichnet werden soll. Zwecks übersichtlicher Schreibweise wird auf der rechten Seite $\eta_1 c_0 \zeta_0$ und $\eta_n a_{n+1} \zeta_{n+1}$ addiert und subtrahiert — so daß sich der Wert der rechten Seite nicht ändert — und dann schreibt sich Gl. 3 einfacher

$$5)\quad \sum_{\nu=1}^{n} \zeta_\nu \cdot D(\eta_\nu) = \eta_0 a_1 \zeta_1 - \eta_1 c_0 \zeta_0 + \sum_{\nu=1}^{n} \eta_\nu \Delta(\zeta_\nu) - \eta_n a_{n+1} \zeta_{n+1} + \eta_{n+1} c_n \zeta_n,$$

woraus durch zweckmäßige Zusammenfassung

$$6)\quad \boxed{\sum_{\nu=1}^{n} [\zeta_\nu \cdot D(\eta_\nu) - \eta_\nu \Delta(\zeta_\nu)] = \eta_0 a_1 \zeta_1 - \eta_1 c_0 \zeta_0 - \eta_n a_{n+1} \zeta_{n+1} + \eta_{n+1} c_n \zeta_n.}$$

Diese Gl. 6 ist nun die Greensche F o r m e l für einen beliebigen Differenzenausdruck (d. h. mit veränderlichen Koeffizienten) zweiter Ordnung und entspricht inhaltlich der Gl. 18 von § 4. (Damit die $\Delta(\zeta_\nu)$

vollständig definiert sind, muß allgemein noch c_0 und a_{n+1} irgendwie vorgeschrieben werden.) Mit Rücksicht auf die Anwendungen ist es zweckmäßig, die Werte ζ_ν auch als Funktion von ν anzusehen (vgl. Abb. 19). Die Determinante für $D(\eta_\nu)$ lautet gemäß Gl. 2 bei $\eta_0 = \eta_{n+1} = 0$

$$7)\qquad D[D(\eta_\nu)] = \begin{vmatrix} b_1 & c_1 & & & & & & \\ a_2 & b_2 & c_2 & & & & & \\ & & \ddots & & & & & \\ & & a_{\nu-1} & b_{\nu-1} & c_{\nu-1} & & & \\ & & & a_\nu & b_\nu & c_\nu & & \\ & & & a_{\nu+1} & b_{\nu+1} & c_{\nu+1} & & \\ & & & & & \ddots & & \\ & & & & & & a_n & b_n \end{vmatrix}$$

und entsprechend Gl. 4 für $\Delta(\zeta_\nu)$

$$8)\qquad D[\Delta(\zeta_\nu)] = \begin{vmatrix} b_1 & a_2 & & & & & & \\ c_1 & b_2 & a_3 & & & & & \\ & & \ddots & & & & & \\ & & c_{\nu-2} & b_{\nu-1} & a_\nu & & & \\ & & & c_{\nu-1} & b_\nu & a_{\nu+1} & & \\ & & & & c_\nu & b_{\nu+1} & a_{\nu+2} & \\ & & & & & & \ddots & \\ & & & & & & c_{n-1} & b_n \end{vmatrix}$$

Die Determinante Gl. 8 nennt man die Gestürzte oder auch Transponierte von Gl. 7. Man erkennt, daß die eine Determinante aus der anderen durch Umklappen um die Hauptdiagonale hervorgeht. Sind beide Determinanten einander gleich, dann nennt man den Differenzenausdruck $D(\eta_\nu) \equiv \Delta(\zeta_\nu)$ sich selbst adjungiert. Danach sind also jene Differenzenausdrücke der Baustatik, bei denen $\delta_{i\varkappa} = \delta_{\varkappa i}$ ist, sich selbst adjungiert, und ihre Greensche oder Einflußfunktion ist wieder symmetrisch in ihren Argumenten, was später noch kurz gezeigt werden soll. Soll also $D(\eta_\nu)$ sich selbst adjungiert sein, so folgt notwendig aus den Determinanten Gl. 7/8, daß zwischen den Koeffizienten a und c die Beziehung statthaben muß

$$9)\qquad a_\nu = c_{\nu-1}.$$

Es ist also insbesondere $a_1 = c_0$, ferner $a_{n+1} = c_n$ und $\Delta(\zeta_\nu) \equiv D(\zeta_\nu)$. Geht man hiermit in Gl. 6 ein, dann vereinfacht sich diese zu

$$10)\quad \boxed{\sum_{\nu=1}^{n}[\zeta_\nu \cdot D(\eta_\nu) - \eta_\nu D(\zeta_\nu)] = c_n(\eta_{n+1}\zeta_n - \eta_n\zeta_{n+1}) - c_0(\eta_1\zeta_0 - \eta_0\zeta_1).}$$

Gl. 10 stellt also die Greensche Formel für den sich selbst adjungierten Differenzenausdruck $D(\eta_\nu)$ zweiter Ordnung in der für die Anwendung gebräuchlichen Form dar. Die Greensche Funktion, deren Bedeutung auch hier grundlegend ist, soll zunächst für den allgemeinsten Differenzenausdruck

$$11)\quad D(\eta_\nu) = a_\nu \eta_{\nu-1} + b_\nu \eta_\nu + c_\nu \eta_{\nu+1} = B_\nu \qquad (\nu = 1, 2 \ldots a \ldots n)$$

und die in Gl. 1 angegebenen Randbedingungen festgelegt werden. Der Gang der Ermittlung schließt sich eng an den in § 4 beschrittenen Weg an. Der Aufpunkt sei hier mit a und der Wert der Greenschen Funktion, für a als Aufpunkt im Laufpunkt ν, mit G_ν^a bezeichnet[1]), wo ν den Wertevorrat $\nu = 0, 1, 2, \ldots . a, \ldots n, (n+1)$ durchläuft. (Vgl. Abb. 25.) Die Greensche Funktion ist also Lösung der inhomogenen Differenzengleichung 11, bei der sämtliche B_ν für $\nu \neq a$ gleich Null sind und $B_a = 1$ ist. Es ist also jetzt, wo $\eta_\nu^a = G_\nu^a$,

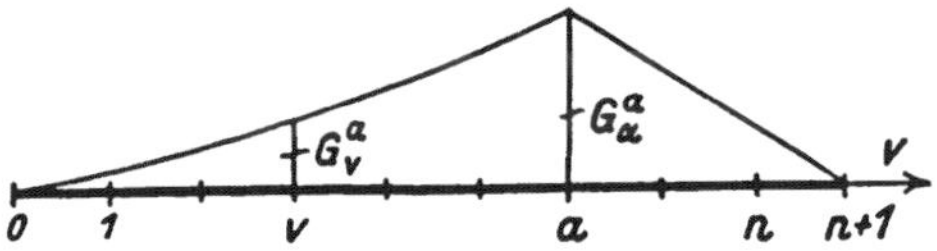

Abb. 25.

$$12)\quad D(\eta_\nu^a) \equiv D(G_\nu^a) = B_\nu = \varepsilon_\nu^a = \begin{cases} 0 & \text{für } \nu \neq a \\ 1 & \text{„} \ \nu = a. \end{cases}$$

Auf Grund dieser Angaben sei die G_ν^a bestimmt. Um Aufschluß über die Symmetrieeigenschaften zu bekommen, soll ferner in gleicher Weise, wie in § 4 bei Gl. 19, die Greensche Funktion des adjungierten Differenzenausdrucks Gl. 4 für den Aufpunkt b konstruiert und mit H_ν^b bezeichnet werden. Entsprechend Gl. 12 genügt sie den Bedingungen

$$13)\quad \Delta(\zeta_\nu^b) = \Delta(H_\nu^b) = B_\nu = \varepsilon_\nu^b = \begin{cases} 0 & \text{für } \nu \neq b \\ 1 & \text{„} \ \nu = b \end{cases}$$

und weiter den Randwerten

$$14)\quad H_0^b = H_{n+1}^b = 0.$$

Geht man nun mit $H_\nu^b = \zeta_\nu$ und $G_\nu^a = \eta_\nu$ in die Greensche Formel Gl. 6 ein, bei der die ganze rechte Seite auf Grund der angenommenen Randbedingungen verschwindet, so folgt zunächst

$$15)\quad \sum_{\nu=1}^{n}[H_\nu^b D(G_\nu^a) - G_\nu^a \Delta(H_\nu^b)] = H_a^b D(G_a^a) - G_b^a \Delta(H_b^b) = 0,$$

[1]) Die hier für G gewählte Schreibweise erweist sich in der Folge als zweckmäßiger.

womit, da $D(G_a^a) = \Delta(H_b^b) = 1$ bewiesen ist, daß stets

16) $$H_a^b = G_b^a.$$

Gl. 16 stellt also die Symmetrieeigenschaft der Greenschen Funktionen für den allgemeinen und den zugeordneten adjungierten Differenzenausdruck zweiter Ordnung dar. Ist nun der Differenzenausdruck sich selbst adjungiert, dann ist $H \equiv G$ und dann folgt aus Gl. 16

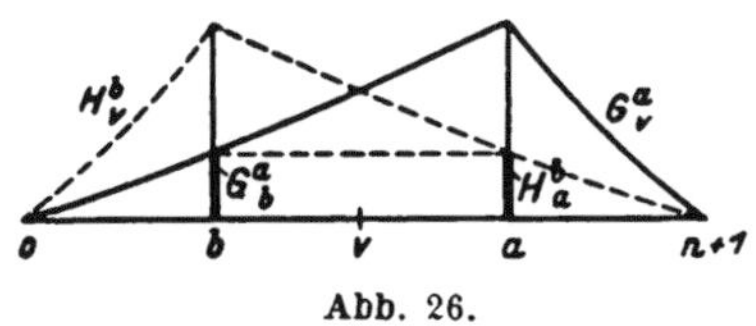

Abb. 26.

17) $$G_b^a = G_a^b,$$

d. i. jene Symmetrieeigenschaft, welche aus der Statik hinlänglich in der Form $\delta_{ab} = \delta_{ba}$ bekannt ist. Der Nutzen, den die Greensche Formel und die Greensche Funktion für die Gleichungsauflösung bietet, liegt bei der Wahl der η_ν als der unbekannten Größen vornehmlich darin, daß die ζ_ν, die zunächst willkürlich waren, zweckmäßig so bestimmt werden können, daß eine einfache Gleichungsauflösung möglich wird. Zwei Beispiele mögen 1. die Anwendung der Greenschen Formel und 2. die der Greenschen Funktion zeigen.

Beispiel 1 (Anwendung der Greenschen Formel, s. a. Funk, loc. cit. S. 13). Gegeben seien die n-Gleichungen

I) $$D(\eta_\nu) \equiv a_\nu \eta_{\nu-1} + b_\nu \eta_\nu + c_\nu \eta_{\nu+1} = B_\nu \qquad (\nu = 1, 2 \ldots . n)$$

und die Randbedingungen $\eta_0 = \eta_{n+1} = 0$. Die Werte ζ_ν werden so gewählt, daß sämtliche

II) $$\Delta(\zeta_\nu) \equiv c_{\nu-1} \zeta_{\nu-1} + b_\nu \zeta_\nu + a_{\nu+1} \cdot \zeta_{\nu+1} = 0$$

werden und der Anfangsbedingung $\zeta_0 = 0$ und $\zeta_1 = 1$ genügen. Damit sind sämtliche Werte ζ_ν bestimmt. Geht man nun hiermit in die Greensche Formel Gl. 6, so folgt sofort, da η_0, ζ_0 und η_{n+1} und sämtliche $\Delta(\zeta_\nu)$ verschwinden

$$\sum_{\nu=1}^{n} \zeta_\nu D(\eta_\nu) = \sum_{\nu=1}^{n} \zeta_\nu B_\nu = -\eta_n a_{n+1} \zeta_{n+1}$$

oder

III) $$\eta_n = -\frac{\sum_{\nu=1}^{n} \zeta_\nu B_\nu}{a_{n+1} \zeta_{n+1}}.$$

Da $\eta_{n+1} = 0$, also als bekannt anzusehen ist, so lassen sich die weiteren Unbekannten durch einfache Elimination leicht bestimmen.

Beispiel 2 (Anwendung der Greenschen Funktion, s. bei Funk § 5). Gegeben sei wieder der Differenzenausdruck Gl. I von Beispiel 1 und die genannten Randbedingungen $\eta_0 = \eta_{n+1} = 0$. Die ζ_ν sollen nun so bestimmt werden, daß

a) sämtliche $\Delta(\zeta_\nu) = c_{\nu-1}\zeta_{\nu-1} + b_\nu\zeta_\nu + a_{\nu+1}\zeta_{\nu+1} = 0$ ausgenommen

b) $\Delta(\zeta_a) = c_{a-1}\zeta_{a-1} + b_a\zeta_a + a_{a+1}\zeta_{a+1} = 1$ und

c) $\zeta_0 = \zeta_{n+1} = 0$

werden. Dann stimmt ersichtlich die Funktion ζ_ν mit der Greenschen Funktion H^a_ν des adjungierten Differenzenausdrucks für a als Aufpunkt überein. Geht man nun mit $\zeta_\nu = H^a_\nu$ wieder in die Greensche Formel Gl. 6 ein, so folgt

$$\sum_{\nu=1}^{n} [H^a_\nu B_\nu - \eta_\nu \Delta(H^a_\nu) = \sum_{\nu=1}^{n} H^a_\nu B_\nu - \eta_a \cdot 1 = 0,$$

woraus an der beliebigen Stelle a

IV) $$\eta_a = \sum_{\nu=1}^{n} H^a_\nu B_\nu.$$

Da nun stets nach Gl. 16 $H^a_\nu = G^\nu_a$ und bei einem sich selbst adjungierten Differenzenausdruck $G^\nu_a = G^a_\nu$ ist, so würde in diesem Falle für die Unbekannte folgen

V) $$\eta_a = \sum_{\nu=1}^{n} G^a_\nu B_\nu.$$

Die Übereinstimmung mit Gl. 34 von § 4 ist leicht ersichtlich. Um sämtliche Werte $\eta_\varkappa$ ($\varkappa = 1, 2 \ldots . n$) zu erhalten, ist es also notwendig, für jeden Punkt $\varkappa$ als Aufpunkt die zugehörige Greensche Funktion zu ermitteln, was nachfolgend für einige wichtige Gleichungen geschehen soll. Man erkennt aber bereits hier, daß in dieser Form die Greensche Funktion mit der $\beta_{i\varkappa}$-Tafel nach Müller-Breslau, welche allgemein in der Mathematik als reziproke Matrix bezeichnet wird, übereinstimmen muß.

§ 8. Zahlenmäßige Ermittlung der Greenschen Funktion für einige wichtige Differenzengleichungen.

Im Anschluß an die vorstehenden Ermittlungen, die als eine einfache Übertragung bekannter Sätze aus der Theorie der Differentialgleichungen in das Gebiet der Differenzengleichungen angesehen werden können, soll jetzt die Greensche Funktion zahlenmäßig für die in Gl. 2 und 3) von § 1 angegebenen Differenzenausdrücke bestimmt werden. Da ϱ in Gl. 3 beliebig gelassen wurde, ist die Lösung von Gl. 2 in der, der Gl. 3 enthalten und deshalb soll zunächst nur Gl. 3 (von § 1) betrachtet werden. Die Randbedingungen sind die bekannten $\eta_0 = \eta_{n+1} = 0$. Der

Wertbereich von ν in η_ν umfaßt wieder die Stellen $0, 1, 2 \ldots . n, n+1$, das sind n innere Punkte, und das entspricht, hier bei den angegebenen Randbedingungen, einem System von n-Gleichungen mit n-Unbekannten. Es zeigt sich hier der Vorteil der Erweiterung des Grundgebietes um die Stellen 0 und $n+1$, durch welche es möglich ist, die bekannten Randbedingungen vorzugeben. Vollständig angeschrieben lautet die Differenzengleichung für den Aufpunkt a mit $\eta_0 = \eta_{n+1} = 0$

$$
\begin{array}{llr}
1,1) & \varrho\,\eta_1 + \eta_2 & = 0 \\
1,2) & \eta_1 + \varrho\,\eta_2 + \eta_3 & = 0 \\
1,3) & \eta_2 + \varrho\,\eta_3 + \eta_4 & = 0 \\
 & \ddots & \\
1,a) & \eta_{a-1} + \varrho\,\eta_a + \eta_{a+1} & = 1 \\
 & \ddots & \\
1,_{n-1}) & \eta_{n-2} + \varrho\,\eta_{n-1} + \eta_n & = 0 \\
1,_{n}) & \eta_{n-1} + \varrho\,\eta_n & = 0.
\end{array}
$$

Definitionsgemäß (s. Gl. 12), von § 7 stellt die Lösung η_ν der Gl. 1 die Greensche Funktion für den Aufpunkt a dar. Ähnlich wie § 4 soll diese auch hier aus Partikularlösungen der homogenen Gl. 1 aufgebaut werden. Die allgemeine Lösung der homogenen Gl. 1 an der Stelle ν werde wie folgt bezeichnet

$$2) \qquad \eta_\nu = c_1\,\eta_1(\nu) + c_2\,\eta_2(\nu),$$

wo also $\eta_1(\nu)$ und $\eta_2(\nu)$ zwei voneinander linear unabhängige Partikularlösungen darstellen. Entsprechend den Ergebnissen in § 4 und § 6 baut sich die Greensche Funktion in den Intervallen $0 \leq \nu \leq a$ und $a \leq \nu \leq n+1$ mit verschiedenen, d. h. hier zwei Paar verschiedenen Konstanten auf. Zwei Konstanten folgen aus den Randwerten $\eta_0 = 0$ und $\eta_{n+1} = 0$ und die noch fehlenden zwei aus

$$3) \qquad D(\eta_a) = D(G_a^a) = \eta_{a-1}^a + \varrho\,\eta_a^a + \eta_{a+1}^a = G_{a-1}^a + \varrho\,G_a^a + G_{a+1}^a = 1$$

und der weiteren Bedingung, daß der Wert η^a von links oder rechts gebildet denselben Wert haben muß. Die Einflußfunktion G_ν^a soll jetzt wieder vorwiegend mit η_ν^a bezeichnet werden und lautet allgemein

a) im Intervall $0 \leq \nu < a$

$$4) \qquad \eta_\nu^a = c_1\,\eta_1(\nu) + c_2\,\eta_2(\nu)$$

b) im Intervall $a < \nu \leq n+1$

$$5) \qquad \eta_\nu^a = c_3\,\eta_1(\nu) + c_4\,\eta_2(\nu)$$

und die vierte Bedingung ist dann einfach

$$6) \qquad \underline{c_1\,\eta_1(a) + c_2\,\eta_2(a) = c_3\,\eta_1(a) + c_4\,\eta_2(a).}$$

Der Aufbau der Differenzengleichung und die gewählten Randbedingungen legen es nahe, die Partikularlösungen $\eta_1(\nu)$ und $\eta_2(\nu)$ so zu bestimmen, daß

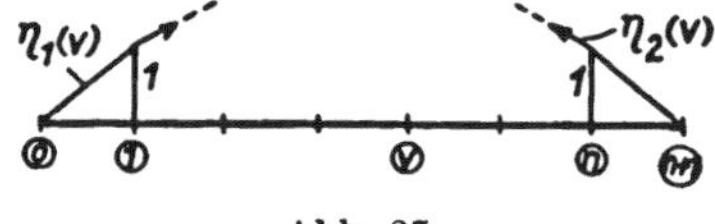

Abb. 27.

a) $\eta_1(\nu)$ den Anfangsbedingungen $\eta_0 = 0$ und $\eta_1 = 1$

b) $\eta_2(\nu)$ den Anfangsbedingungen $\eta_n = 1$ und $\eta_{n+1} = 0$

genügen, dann ist hier stets $\eta_1(n+1) = \eta_2(0) \neq 0$ und damit können schon jetzt die Konstanten c_2 und c_3 bestimmt werden. Es muß sein

7) $\eta_0 = c_1 \eta_1(o) + c_2 \eta_2(o) = 0 + c_2 \eta_2(o) = c_2 \eta_2(o) = 0$, d. h. $c_2 = 0$

8) $\eta_{n+1} = c_3 \eta_1(n+1) + c_4 \eta_2(n+1) = c_3 \eta_1(n+1) +$
$+ 0 = c_3 \eta_1(n+1) = 0$, d. h. $c_3 = 0$

und die Greensche Funktion lautet demnach

a) im Intervall $0 \leq \nu \leq a$

9) $$G_\nu^a = \eta_\nu^a = \underline{\eta}_\nu^a = c_1 \eta_1(\nu)$$

b) im Intervall $a \leq \nu \leq n+1$

10) $$G_\nu^a = \eta_\nu^a = \overline{\eta}_\nu^a = c_4 \eta_2(\nu).$$

Setzt man einmal die Partikularlösungen $\eta_1(\nu)$ und $\eta_2(\nu)$ als bekannt voraus, dann folgen c_1 und c_4, die mit Rücksicht darauf, daß sie von der Wahl des Aufpunktes abhängen, mit c_1^a und c^a bezeichnet werden sollen, gemäß Gl. 3 und Gl. 6 aus

11) $$c_1^a [\eta_1(a-1) + \varrho\, \eta_1(a)] + c_4^a \eta_2(a+1) = 1$$

12) $$c_1^a \eta_1(a) \qquad - c_4^a \eta_2(a) \qquad = 0.$$

Die Determinante D dieses Systems stimmt in ihrem absoluten Betrag mit der Determinante des ganzen Systems überein und hat den Wert

13) $$D = -\eta_2(a)[\eta_1(a-1) + \varrho\, \eta_1(a)] - \eta_1(a)\, \eta_2(a+1).$$

Scheinbar hängt D von dem Aufpunkt a ab. Daß dieses aber nicht der Fall ist, sei kurz gezeigt. Für $(a+1)$ als Aufpunkt würde die Determinante D, welche zur Unterscheidung von Gl. 13 vorübergehend mit $D(a+1)$ bezeichnet werden soll, analog lauten

14) $$D(a+1) = -\eta_2(a+1)[\eta_1(a) + \varrho\, \eta_1(a+1)] - \eta_1(a+1)\, \eta_2(a+2).$$

Bildet man die Differenz dieser Determinanten, dann folgt

15) $$D(a+1) - D = \varrho\, [\eta_1(a) \cdot \eta_2(a) - \eta_1(a+1) \cdot \eta_2(a+1)] + \eta_1(a-1) \cdot \eta_2(a) - \eta_1(a+1)\, \eta_2(a+2).$$

Addiert und subtrahiert man $\eta_1(a+1)\cdot\eta_2(a)$, so wird aus Gl. 15

$$16)\quad \begin{aligned} D(a+1) - D &= \eta_2(a)\,[\eta_1(a-1) + \varrho\,\eta_1(a) + \eta_1(a+1)] - \\ &- \eta_1(a+1)\,[\eta_2(a+2) + \varrho\,\eta_2(a+1) + \eta_2(a)] = \\ &= \eta_2(a)\,D[\eta_1(a)] - \eta_1(a+1)\,D[\eta_2(a+1)] = \\ &= \eta_2(a)\cdot o - \eta_1(a+1)\cdot o = 0. \end{aligned}$$

Also gilt allgemein

$$17)\quad \underline{D(a+v) = D(a+1) = D.}$$

Zur einfacheren Berechnung wird Gl. 13 erweitert durch Addition und Subtraktion von $\eta_2(a)\cdot\eta_1(a+1)$ und damit schreibt sie sich

$$\begin{aligned} D = &-\eta_2(a)\,[\eta_1(a-1) + \varrho\,\eta_1(a) + \eta_1(a+1)] + \\ &+ \eta_2(a)\,\eta_1(a+1) - \eta_1(a)\,\eta_2(a+1). \end{aligned}$$

Nun ist der Klammerwert aber wieder gleich Null und es bleibt zunächst für einen beliebigen Punkt a als Aufpunkt übrig

$$18)\quad D = \eta_2(a)\,\eta_1(a+1) - \eta_1(a)\,\eta_2(a+1) = -\begin{vmatrix} \eta_1(a) & \eta_1(a+1) \\ \eta_2(a) & \eta_2(a+1) \end{vmatrix}.$$

Da nun aber D von der Wahl von a, wie vorgezeigt, völlig unabhängig ist, so wählt man zweckmäßig zur Ausrechnung von D den Punkt $a = n$ als Aufpunkt, und dann folgt als Ergebnis unter Beachtung, daß $\eta_2(n) = 1$ und $\eta_2(n+1) = 0$ der überaus einfache Wert

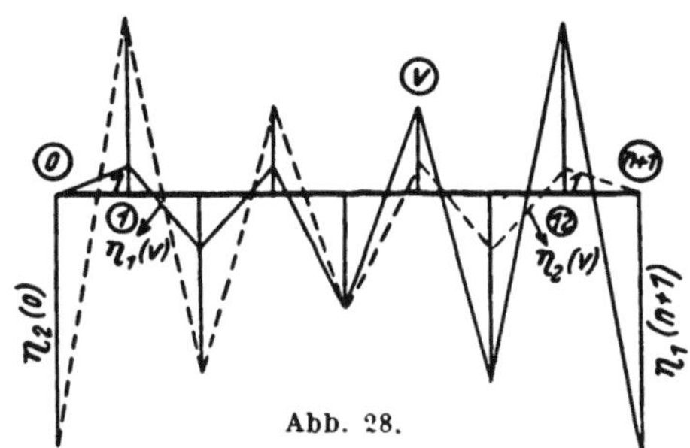

Abb. 28.

$$19)\quad D = \eta_1(n+1).$$

Bei den hier gewählten Partikularlösungen (vgl. Abb. 28) ist offenbar

$$20)\quad \begin{cases} \eta_1(\nu) = \eta_2(n+1-\nu) \text{ bzw.} \\ \eta_2(\nu) = \eta_1(n+1-\nu) \end{cases}$$

und daraus folgt also, daß bei einem sich selbst adjungierten Differenzenausdruck unter den angegebenen Randbedingungen stets gilt

$$21)\quad D = \eta_1(n+1) = \eta_2(o).$$

Hiermit ergibt sich für die Koeffizienten

$$22)\quad c_1^a = \frac{\begin{vmatrix} 1 & \eta_2(a+1) \\ 0 & -\eta_2(a) \end{vmatrix}}{D} = -\frac{\eta_2(a)}{D} = -\frac{\eta_2(a)}{\eta_2(o)} = -\frac{\eta_1(n+1-a)}{\eta_1(n+1)}.$$

$$23)\quad c_4^a = c_1^a\cdot\frac{\eta_1(a)}{\eta_2(a)} = -\frac{\eta_1(a)}{\eta_2(o)} = -\frac{\eta_1(a)}{\eta_1(n+1)} = -\frac{\eta_2(n+1-a)}{\eta_2(o)}.$$

Da, wie aus Gl. 9 und 10) ersichtlich, die Werte der Quotienten zweier Greenscher Funktionen für beliebige Aufpunkte (innerhalb eines später genauer abzugrenzenden Bereiches) gleich den Quotienten der Konstanten sind, so erscheint es zweckmäßig, diese Quotienten zur leichteren Ermittlung von Greenschen Funktionen für weitere Aufpunkte zu bilden. Ohne weiteres folgt aus Gl. 22

$$24)\qquad \frac{c_1^{a+1}}{c_1^a} = \frac{\eta_2(a+1)}{\eta_2(a)} \quad \text{und} \quad \frac{c_4^{a+1}}{c_4^a} = \frac{\eta_1(a+1)}{\eta_1(a)},$$

somit

$$25)\qquad c_1^{a+1} = \frac{\eta_2(a+1)}{\eta_2(a)} \cdot c_1^a \quad \text{und} \quad c_4^{a+1} = \frac{\eta_1(a+1)}{\eta_1(a)} \cdot c_4^a.$$

Hat man also die Einflußfunktion für den Aufpunkt a in Gestalt der Gl. 9/10 gefunden, so ist sofort für den Aufpunkt $(a+1)$

$$26)\qquad \underline{\eta}_\nu^{a+1} = c_1^{a+1} \cdot \eta_1(\nu) = \frac{\eta_2(a+1)}{\eta_2(a)} \cdot c_1^a \cdot \eta_1(\nu) = \frac{\eta_2(a+1)}{\eta_2(a)} \cdot \underline{\eta}_\nu^a,$$

bzw. ebenso

$$27)\qquad \bar{\eta}_\nu^{a+1} = c_4^{a+1} \cdot \eta_2(\nu) = \frac{\eta_1(a+1)}{\eta_1(a)} \cdot c_4^a \cdot \eta_2(\nu) = \frac{\eta_1(a+1)}{\eta_1(a)} \cdot \bar{\eta}_\nu^a.$$

Ist also die Greensche Funktion für den Aufpunkt a bekannt, so kann sie in einfachster Weise für den Aufpunkt $a+1$ mit Hilfe der Gl. 26 und 27) gefunden werden. Es bleibt noch festzustellen, innerhalb welchen Bereichs der oben angegebene Übergang von η_ν^a zu η_ν^{a+1} erlaubt ist, was unter Betrachtung nebenstehender Abbildung leicht erkannt werden kann. Gemäß ihrer Herleitung gilt Gl. 9 für $\underline{\eta}_\nu^a$ nur für das abgeschlossene Intervall $(0, a)$, dem entsprechen in der reziproken Matrix die Werte von dem Rand bis zur Hauptdiagonale und deshalb können aus $\underline{\eta}_\nu^a$ die Werte für $\underline{\eta}_\nu^{a+1}$ nur aus diesem Intervall hergeleitet werden oder, mit anderen Worten, $\underline{\eta}_\nu^a$ liefert den Wertevorrat

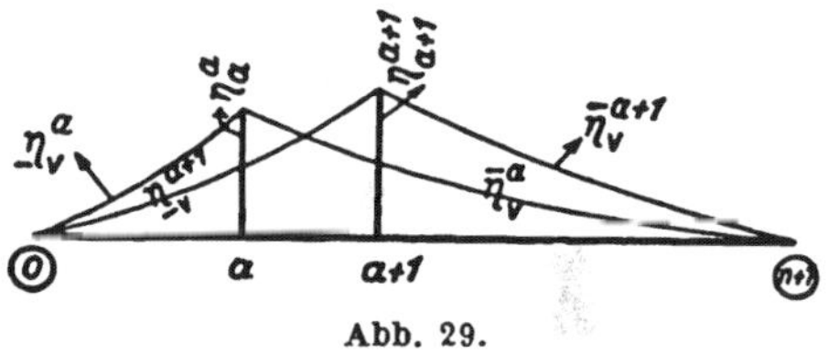

Abb. 29.

$$\underline{\eta}_0^{a+1},\ \underline{\eta}_1^{a+1},\ \underline{\eta}_2^{a+1} \ldots\ldots \underline{\eta}_a^{a+1}.$$

Die fehlenden Werte

$$\bar{\eta}_{a+1}^{a+1},\ \bar{\eta}_{a+2}^{a+1} \ldots\ldots \bar{\eta}_n^{a+1}$$

werden ersichtlich aus $\bar{\eta}_\nu^a$ erhalten. Unter Beachtung der Symmetrie der Greenschen Funktion (Maxwellscher Satz) wird die reziproke Matrix am einfachsten wie folgt gefunden. Für eine bestimmte Differenzengleichung werden die Partikularlösungen $\eta_1(\nu)$ und $\eta_2(\nu)$ ein für allemal ermittelt. Wegen Gültigkeit der Gl. 20 genügt schon die Ermittlung von $\eta_1(\nu)$, was praktisch für ein ausreichend großes Intervall $\langle 0, n+1 \rangle$ durchzuführen ist.

Damit hat man dann auch bereits alle notwendigen Bausteine zum Aufbau der reziproken Matrix in der Hand, nämlich die Determinante D, s. Gl. 19/21, und die Beiwerte c_1^a und c_4^a, gem. Gl. 22/23. Nunmehr genügt es, die Greensche Funktion für einen einzigen Aufpunkt $a = 1$ vollständig zu ermitteln, und dann können hieraus mit Benutzung der Multiplikatoren gemäß Gl. 24—27 die noch fehlenden Werte gefunden werden. Wählt man nun $a = 1$ als Aufpunkt, so ist auch schon die Greensche Funktion für diesen Punkt selbst bis auf einen konstanten Faktor bekannt, denn in diesem Falle beschreibt $\overline{\eta}_\nu^1$ allein alle ihre Werte, und diese selbst stimmt bis auf einen konstanten Faktor, d. i. c_4^1 (s. Gl. 10/23 mit der als bekannt anzusehenden Partikularlösung $\eta_2(\nu)$ überein. Als weitere Vereinfachung kommt hinzu, daß in diesem Falle der Faktor c_4^1 noch einen ganz besonders einfachen Wert hat, da in Gl. 23 der Zählerwert

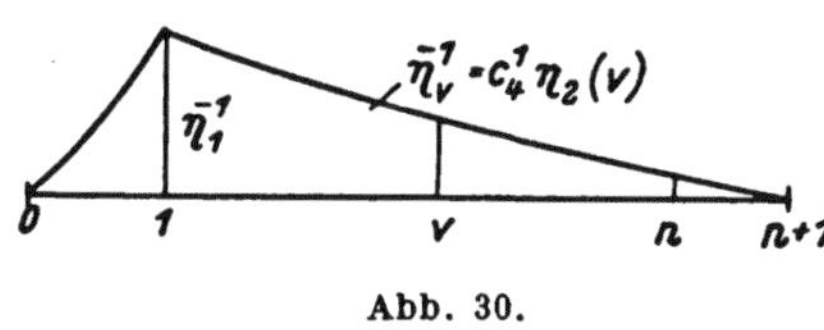

Abb. 30.

$$28)\qquad \eta_1(a) = \eta_1(1) = +1$$

ist. Deshalb wird durch diese Vereinfachung aus Gl. 10

$$29)\qquad \overline{\eta}_\nu^1 = \frac{-1}{\eta_1(n+1)} \cdot \eta_2(\nu) = -\frac{\eta_2(\nu)}{\eta_2(o)} \qquad (\nu = 1,2,\ldots.n).$$

Die vorstehenden Ermittlungen, insbesondere die Bildung der reziproken Matrix, lassen sich mit Hilfe der Abb. 31 noch einmal leicht übersehen.

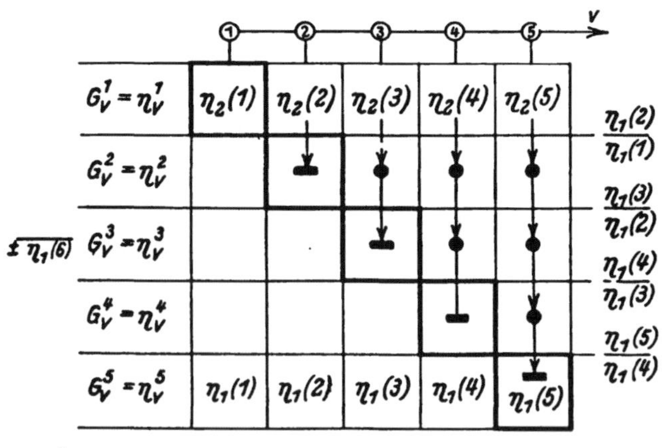

Abb. 31.

Nach Eintragung der Partikularlösung $\eta_2(\nu)$ in die erste Zeile ergeben sich die Zähler rechts der Hauptdiagonale der Einflußfunktionen für die folgenden Aufpunkte gemäß Gl. 27 mit Hilfe der neben angeschriebenen Multiplikatoren[1]). Die noch fehlenden Elemente folgen ohne weiteres aus der Symmetriebedingung der Greenschen Funktion. Der allen $\eta_1(\nu)$, $\eta_2(\nu)$ gemeinsame Nenner $D = \eta_1(n+1)$, hier $\eta_1(6)$, ist symbolisch unter einem Strich neben der reziproken Matrix angeschrieben, womit seine Verwendung als Divisor festgelegt sein soll. Zusammenfassend ergibt sich also, daß man mit der Kenntnis der beiden Partikularlösungen $\eta_1(\nu)$ und $\eta_2(\nu)$ die Lösung der Differenzengleichung vollständig beherrscht, und da weiter wegen des Zusammenhangs zwischen den Partikularlösungen (s. Gl. 20) $\eta_2(\nu)$ als die von dem Punkte $(n+1)$ rückwärts angeschriebene Partikularlösung $\eta_1(\nu)$ angesehen werden kann, so bleibt praktisch die ganze Rechenarbeit auf die Ermittlung der einzigen Partikularlösung $\eta_1(\nu)$ beschränkt.

Ermittlung von $\eta_1(\nu)$ bei beliebigem ϱ für die Randbedingungen $\eta_1(0) = 0$ und $\eta_1(1) = 1$.

Die Partikularlösung $\eta_1(\nu)$, wo $\nu = 0, 1, 2 \ldots . (n+1)$ genügt der Differenzengleichung

30) $$\eta_1(\nu - 1) + \varrho\,\eta_1(\nu) + \eta_1(\nu + 1) = 0$$

und da für die Stelle $\nu = 1$ die Werte $\eta_1(\nu - 1) = \eta_1(0) = 0$ und $\eta_1(1) = 1$ als Anfangsbedingungen gewählt sind, so folgt damit

$$\varrho \cdot 1 + \eta_1(2) = 0,$$

d. h.

31) $$\underline{\eta_1(2) = -\varrho.}$$

Damit ergibt sich aus Gl. 30 für die Stelle $\nu = 2$

$$\eta_1(1) + \varrho\,\eta_1(2) + \eta_1(3) = 1 + \varrho \cdot (-\varrho) + \eta_1(3) = 1 - \varrho^2 + \eta_1(3) = 0,$$

woraus

32) $$\underline{\eta_1(3) = \varrho^2 - 1.}$$

Ebenso gilt an der Stelle $\nu = 3$

$$\begin{aligned}\eta_1(2) + \varrho\,\eta_1(3) + \eta_1(4) &= -\varrho + \varrho(\varrho^2 - 1) + \eta_1(4)\\ &= -2\varrho + \varrho^3 + \eta_1(4) - 0.\end{aligned}$$

Daher

33) $$\underline{\eta_1(4) = 2\varrho - \varrho^3.}$$

So fortfahrend ergeben sich nacheinander die Werte $\eta_1(\nu)$ bis $\nu = 10$.

---

[1]) Man erkennt auch ohne besondere Mühe, daß aus den Elementen der ersten Zeile, die einer beliebig höheren Zeile direkt gebildet werden können, was für die praktische Rechnung wohl am einfachsten ist.

34) $\eta_1(5) = +1 - 3\varrho^2 + \varrho^4$

35) $\eta_1(6) = -3\varrho + 4\varrho^3 - \varrho^5$

36) $\eta_1(7) = -1 + 6\varrho^2 - 5\varrho^4 + \varrho^6$

37) $\eta_1(8) = 4\varrho - 10\varrho^3 + 6\varrho^5 - \varrho^7$

38) $\eta_1(9) = +1 - 10\varrho^2 + 15\varrho^4 - 7\varrho^6 + \varrho^8$

39) $\eta_1(10) = -5\varrho + 20\varrho^3 - 21\varrho^5 + 8\varrho^7 - \varrho^9$.

Ermittlung von $\eta_1(\nu)$ für $\varrho = 4$ bei $\eta_1(0) = 0$ und $\eta_1(1) = 1$ nebst besonderem Zahlenbeispiel.

Dieser Fall entspricht der Bertot-Clapeyron-Gleichung (s. § 5, Beispiel 4, Gl. 5/6) bei gleichen Feldweiten oder wenn nach Lewe $l_\varkappa : J_\varkappa = c$ gesetzt wird, wo c eine Konstante bedeutet. Aus den vorstehenden Gl. 30—39 folgen jetzt

40,1) $\eta_1(1) = 1$

40,2) $\eta_1(2) = -\varrho = -4$

40,3) $\eta_1(3) = (-4)^2 - 1 = +15$

40,4) $\eta_1(4) = 2 \cdot 4 - 4^3 = 8 - 64 = -56$.

Die weitere Benutzung von Gl. 34 würde zu umständlichen Zahlenrechnungen führen; zweckmäßiger ist es, von jetzt ab die Differenzengleichung 30 direkt zu benutzen. Aus dieser folgt für $\nu = 4$

$$\eta_1(3) + \varrho\,\eta_1(4) + \eta_1(5) = 15 - 4 \cdot 56 + \eta_1(5) = -209 + \eta_1(5) = 0$$

40,5) $\underline{\eta_1(5) = +209}$

und ferner der Reihe nach

$$\eta_1(4) + \varrho\,\eta_1(5) + \eta_1(6) = -56 + 4 \cdot 209 + \eta_1(6) = +780 + \eta_1(6) = 0,$$

d. h.

40,6 $\underline{\eta_1(6) = -780.}$

In gleicher Weise ergeben sich noch

40,7 $\underline{\eta_1(7) = +2911}$; 40,8 $\underline{\eta_1(8) = -10864}$; 40,9 $\underline{\eta_1(9) = +40545}$

40,10) $\underline{\eta_1(10) = -151316.}$

Mit den vorstehenden Zahlen ist eine außerordentlich einfache Auflösung der Bertot-Clapeyron-Gleichungen möglich, die mit geringer Mühe fast im Kopfe vollzogen werden kann. Betreffs der Vorzeichenverteilung in der reziproken Matrix soll noch kurz gezeigt werden, daß sämtliche Glieder in der Hauptdiagonale positiv sind, und da die Vorzeichen der Partikularlösungen $\eta_1(\nu)$ und $\eta_2(\nu)$ alternieren, also auch die aus ihnen gebildeten Multiplikatoren G. 26/27, so folgt, daß die Vorzeichen in der reziproken Matrix ebensowohl in Richtung der Kolonnen als auch in Richtung der Zeilen alternieren müssen. Auf Grund dieses Zusammenhanges ist dann die ganze Vorzeichenverteilung der reziproken Matrix bekannt, wenn man das Vorzeichen eines einzigen ihrer Elemente, beispielsweise von $\eta_1^1 = \overline{\eta}_1^1$, kennt.

Hierfür gilt aber nach Gl. 10 bzw. Gl. 23

$$\overline{\eta}_1^1 = -\frac{\eta_1(1)}{\eta_2(0)} \cdot \eta_2(1). \tag{41}$$

Nun ist $\eta_1(1) = +1$, und da $\eta_2(0)$ und $\eta_2(1)$ bei positivem ϱ stets entgegengesetzte Vorzeichen haben, so folgt, daß in diesem Falle η_1^1 stets positiv ist und damit werden auf Grund des vorerwähnten Zusammenhangs sämtliche Elemente $\eta_\varkappa^\varkappa$ der Hauptdiagonale als positiv erkannt. Hieraus ergibt sich somit der nachstehende Weg für die praktische Anwendung. Liegt ein n-fach stat. unbestimmtes System vor, so benötigt man zu seiner Lösung aus der Gl. 40 die $n+1$ ersten Zahlen. Die $(n+1)$. Zahl, mit positivem Vorzeichen versehen, ist der gleiche Nenner für alle η_ν^a. Die übrigen n-Werte $\eta_1(\nu)$ in umgekehrter Reihenfolge angeschrieben, liefern die erste Zeile der reziproken Matrix, während sie in ihrer aufsteigenden Reihenfolge (vgl. Abb. 31/32 deren letzte Zeile bilden. Wegen der Symmetrieeigenschaft der Einflußfunktion, welche in Abb. 32 noch einmal veranschaulicht ist, folgt weiter, daß mit der ersten Zeile auch die erste Kolonne und mit der letzten Zeile auch die letzte Kolonne bekannt ist, d. h. man hat in $\eta_1(1), \eta_1(2) \ldots \eta_1(n)$ sofort sämtliche Randelemente (auf den vier Seiten) der reziproken Matrix, und lediglich die noch fehlenden inneren Glieder werden mit Hilfe der Multiplikatoren gefunden. Diese brauchen jetzt aber nicht mehr besonders angeschrieben zu werden, denn dadurch, daß die ganzen Randelemente eingetragen sind und damit das Verhältnis von zwei Einflußfunktionen (Zeilen) festgelegt ist, stehen sie schon da. Hier ist auch leicht zu überschauen, wie aus einer gegebenen Randzeile oder Randkolonne die Elemente einer **beliebigen** inneren Zeile oder Kolonne gebildet werden können. Zur Vermeidung von Rechenfehlern ist auf den Gültigkeitsbereich der Multiplikatoren zu achten, was ja durch die vorstehenden Betrachtungen genügend angedeutet erscheint. Ferner ist es offenbar für die Ausrechnung ganz gleichgültig, ob man die Werte $\eta_\nu^\varkappa$ (Aufpunkt $\varkappa$) in der waagrechten $\varkappa$-Zeile oder $\varkappa$-Kolonne benutzt.

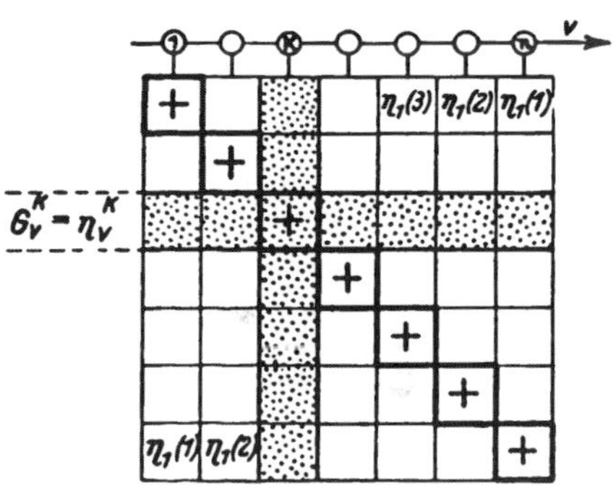

Abb. 32.

Ein spezielles Beispiel möge insbesondere den einfachen Rechnungsgang dartun. Es liege nebenskizzierter Balken vor, bei dem die Voraussetzung $l_1 = l_2 = l_3$ oder $l_v : J_v = c$ genügend genau zutreffe, dann gilt unter Bezugnahme auf die Bezeichnungen in Abb. 34 für den ν-Stützpunkt

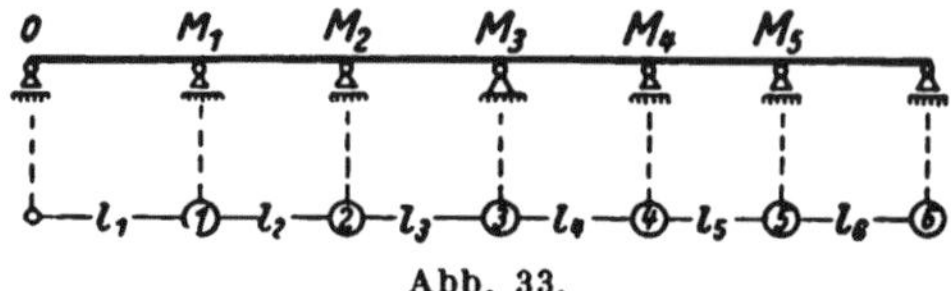

Abb. 33.

42) $$M_{\nu-1} + 4\,M_\nu + M_{\nu+1} = -[l_\nu\,P_i\,(\xi - \xi^3) + $$
$$+ l_{\nu+1}\,P_r\,(\eta - \eta^3)] - \left[\frac{q_i\,l_\nu^2}{4} + \frac{q_r\,l_{\nu+1}^2}{4}\right]$$

oder kürzer, wenn die rechte Seite allgemein mit B_ν bezeichnet wird,

43) $$M_{\nu-1} + 4\,M_\nu + M_{\nu+1} = B_\nu \qquad (\nu = 1, 2, 3, 4, 5).$$

Zur Bildung der reziproken Matrix benötigt man hier bei dem $n = 5$fach stat. unbestimmten System die sechs Werte 1, 4, 15, 56, 209, 780, wo 780 also den gleichen Nenner für sämtliche Elemente der reziproken Matrix bedeutet, deren zahlenmäßige Her-

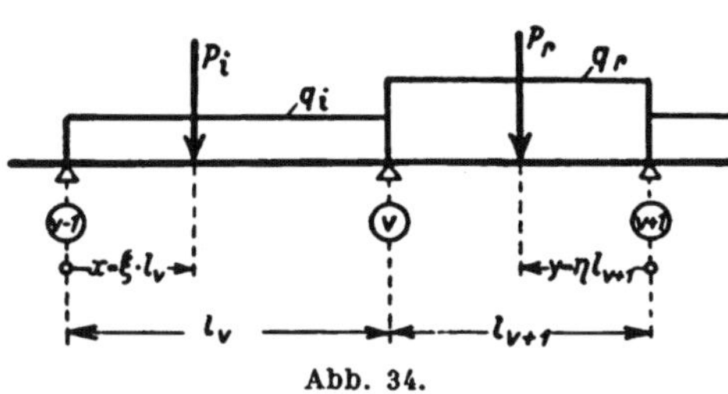

Abb. 34.

	①	②	③	④	⑤	
	+209	−56	+15	−4	+1	4/1
	−56	+224	−60	+16	−4	15/4
: +780	+15	−60	+225	−60	+15	56/15
	−4	+16	−60	+224	−56	209/56
	+1	−4	+15	−56	+209	
	M_1	M_2	M_3	M_4	M_5	

Abb. 35.

stellung nach den vorstehenden Angaben sehr einfach ist (s. Abb. 35). Das ganze Gleichungssystem 43 lautet vollständig angeschrieben

$$\begin{aligned}
4\,M_1 + M_2 \qquad\qquad\qquad\qquad &= B_1 \\
M_1 + 4\,M_2 + M_3 \qquad\qquad\qquad &= B_2 \\
M_2 + 4\,M_3 + M_4 \qquad\qquad &= B_3 \\
M_3 + 4\,M_4 + M_5 \qquad &= B_4 \\
M_4 + 4\,M_5 &= B_5
\end{aligned}$$

und hat für beliebige Belastungsglieder B_ν die vollständige Lösung

$$M_1 = \frac{209\,B_1 - 56\,B_2 + 15\,B_3 - 4\,B_4 + 1\,B_5}{780}$$

$$M_2 = -\frac{56\,B_1 + 224\,B_2 - 60\,B_3 + 16\,B_4 - 4\,B_5}{780}.$$

Ebenso einfach folgen die Werte für die weiteren Unbekannten $M_{3,4,5}$. Die Gleichung der Einflußlinien für die M_ν nehmen mit diesen ganzzahligen Werten auch eine sehr zweckmäßige Form an, wie ohne weiteres ersichtlich ist. Zu ähnlichen Ergebnissen, wie vorstehend, ist unter ausschließlicher Benutzung der Theorie der Determinanten Lewe gelangt, man vergleiche dessen Schrift „Die Berechnung durchlaufender Träger und mehrstieliger Rahmen nach der Methode des Zahlenrechtecks", S. 43. Die dort angegebenen Zahlenrechtecke, die hier, wie schon bemerkt, im Anschluß an die in der Mathematik längst eingebürgerte Benennung als reziproke Matrix bezeichnet werden, lassen sich mit großer Leichtigkeit nach den obigen Darlegungen übersehen und wiedergewinnen. Für den praktischen Gebrauch ist im Anhang die reziproke Matrix noch für die Werte $n = 2, 3, 4, 5$ angegeben.

Ermittlung von $\eta_1(\nu)$ für $\varrho = -2$ bei $\eta_1(0) = 0$ und $\eta_1(1) = 1$.

Aus den Gl. 31 ff. folgt ohne weiteres

$$\eta_1(2) = -(-2) = +2$$
$$\eta_1(3) = (-2)^2 - 1 = +3$$
$$\eta_1(4) = 2(-2) - (-2)^3 = -4 + 8 = +4$$
$$\eta_1(5) = 1 - 3(-2)^2 + (-2)^4 = 1 - 12 + 16 = +5$$

Man erkennt hieran, daß $\eta_1(\nu) = +\nu$ durch die Reihe der natürlichen Zahlen gebildet wird und daß ein Vorzeichenwechsel nicht stattfindet. Daher sind auch sämtliche Multiplikatoren positiv, und folglich erhalten sämtliche Elemente der reziproken Matrix das gleiche Vorzeichen. Die gleichen Überlegungen wie im Falle $\varrho = +4$ (s. Gl. 41), liefern hier

44) $$\overline{\eta}_1^1 = c_4^1 \eta_2(1) = -\frac{\eta_1(1)}{\eta_2(0)} \cdot \eta_2(1) = -1 \cdot \frac{\eta_2(1)}{\eta_2(0)}.$$

Nun haben aber $\eta_2(0)$ und $\eta_2(1)$ das gleiche (positive) Vorzeichen und somit sind sämtliche Elemente der reziproken Matrix negativ. Ist die rechte Seite nun auch negativ, wie in Gl. 2 vorausgesetzt, dann liefern sämtliche Belastungsglieder B_ν nur positive Beiträge zu den Unbekannten u_ν, da jetzt Zähler- und Nennerdeterminante den gleichen gemeinschaftlichen Faktor -1 aufweisen. Liegt z. B. ein Balken vor, bei dem die Momente als die Unbekannten angesehen werden, so kommt der rechten Seite das negative Vorzeichen zu, wie kurz gezeigt werden soll. Bedeutet $Q_{\nu,\nu+1}$ die Querkraft

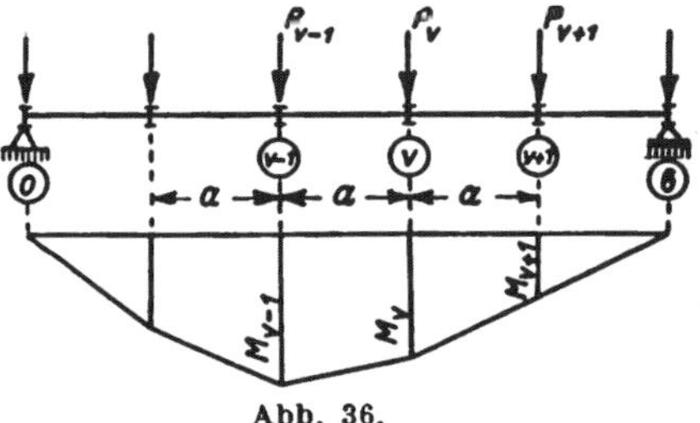

Abb. 36.

im Felde $\nu, \nu + 1$ und $a = \Delta x$ den Querträgerabstand, so bestehen zwischen den Momenten in den Lastangriffspunkten, welche mit den Querträgern zusammenfallen, die Beziehungen

$$M_\nu - M_{\nu-1} = Q_{\nu-1, \nu} \cdot a. \tag{45}$$

$$M_{\nu+1} - M_\nu = Q_{\nu, \nu+1} \cdot a. \tag{46}$$

Subtrahiert man Gl. 45 von Gl. 46, so folgt nach aufsteigenden Stellen geordnet

$$M_{\nu-1} - 2\,M_\nu + M_{\nu+1} = (Q_{\nu, \nu+1} - Q_{\nu-1, \nu}) \cdot a \tag{47}$$

und da

$$Q_{\nu-1, \nu} - Q_{\nu, \nu+1} = +\,P_\nu, \tag{48}$$

so wird aus Gl. 47

$$M_{\nu-1} - 2\,M_\nu + M_{\nu+1} = -\,P_\nu \cdot a. \tag{49}$$

Setzt man weiter

$$P_\nu = p(\nu) \cdot a, \tag{50}$$

so kann Gl. 49 auch in der Form

$$\frac{M_{\nu-1} - 2\,M_\nu + M_{\nu+1}}{a^2} = -\,p(\nu) \tag{51}$$

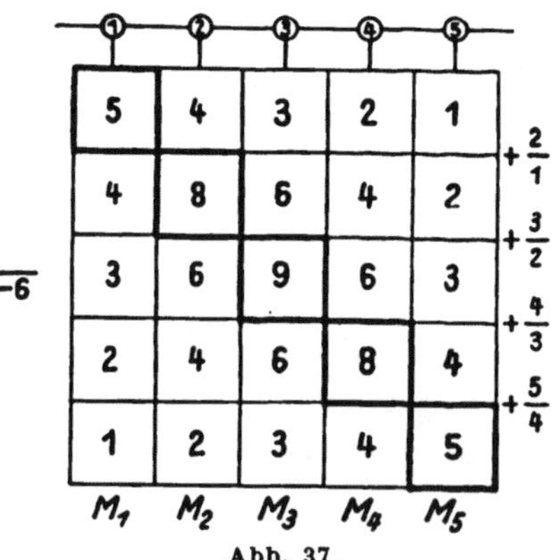

Abb. 37.

geschrieben werden. Diese stimmt voll und ganz mit der Form der Gl. 2 in § 1 überein, und das negative Vorzeichen ist durch die Differenzenbildung in dem Sinne $y_{\nu+1} - y_\nu$ und die damit im Zusammenhang definierte positive Querkraft (s. Gl. 7, § 1) vollkommen bestimmt.

Im Falle des in Abb. 36 gezeichneten Balkens mit z. B. $n = 5$ würde sich nebenstehende leicht zu bildende reziproke Matrix ergeben. Das ganze Gleichungssystem voll angeschrieben würde lauten unter den bekannten Randbedingungen

$$\left\{\begin{array}{lr} -2\,M_1 + M_2 & = -\,B_1 \\ M_1 - 2\,M_2 + M_3 & = -\,B_2 \\ M_2 - 2\,M_3 + M_4 & = -\,B_3 \\ M_3 - 2\,M_4 + M_5 & = -\,B_4 \\ M_4 - 2\,M_5 & = -\,B_5 \end{array}\right. \tag{52}$$

und seine Lösungen sind

$$M_1 = \frac{5\,B_1 + 4\,B_2 + 3\,B_3 + 2\,B_4 + 1\,B_5}{6}$$

$$M_2 = \frac{4\,B_1 + 8\,B_2 + 6\,B_3 + 4\,B_4 + 2\,B_5}{6}$$

usw. Ein derartiger Rechnungsgang kann bei der Ermittlung von Einflußlinien angezeigt sein zur Vermeidung fehlerhafter Ergebnisse, hervorgerufen durch Dezimalstellen.

Ermittlung von $\eta_1(\nu)$ für $\varrho = +2$ bei $\eta_1(0) = 0$ und $\eta_1(1) = 1$.

Betrachtet man die Gl. 31 bis 39, so erkennt man sofort, daß die $\eta_1(\nu)$-Werte für $\varrho = +2$ von denen für $\varrho = -2$ sich nur um das Vorzeichen in denjenigen Gleichungen verschieden ergeben, in denen ungerade Potenzen vorkommen. Man erhält also das Wertesystem:

$\eta_1(1) = +1$; $\eta_1(2) = -2$; $\eta_1(3) = +3$; $\eta_1(4) = -4$; $\eta_1(5) = +5$; $\eta_1(6) = -6$ usw.

Die Vorzeichenverteilung in der reziproken Matrix ist genau so wie im Falle $\varrho = +4$; d. h. dieselben alternieren, und zwar so, daß die Elemente der Hauptdiagonale wieder positiv sind. Ein, diesem Falle, d. h. $\varrho = +2$ und $n = 5$ entsprechendes Gleichungssystem ist von Müller Breslau in seinen „Neueren Methoden" 1924, S. 147, benutzt worden. Dort sind die Unbekannten mit X_2 anfangend bezeichnet worden; im übrigen stimmen die Ergebnisse vollkommen überein.

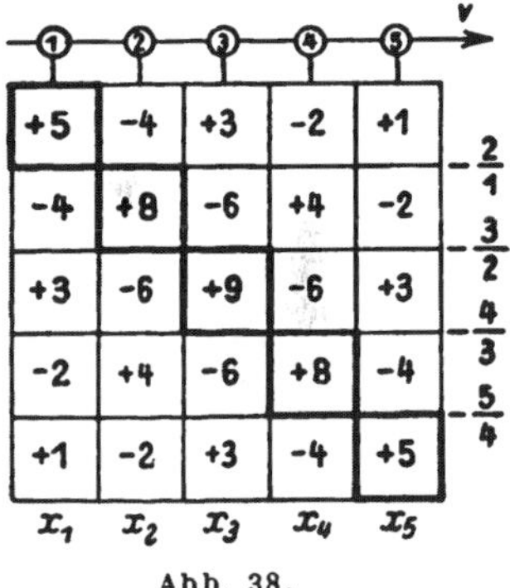

Abb. 38.

§ 9. Die Gleichungen $u'' + \lambda u = -\varphi(x)$, $\Delta^2 u_\nu + \lambda u_\nu = -\Phi(\nu)$ und ihre vollständige Lösung für die Randbedingungen $u(o) = u(l) = 0$.

Auf d, Δ-Gleichungen von vorstehendem Typus wird man in der Statik der Baukonstruktionen immer dann geführt, wenn die Biegelinie eines Balkens gesucht wird, der neben seitlichen Lasten noch eine Druckkraft als Längskraft aufzunehmen hat. Dieser Belastungsfall liegt im Grunde genommen sehr häufig vor, und als Beispiele seien erwähnt die Rahmen- und Wölbtragwerke, die Druckgurte von Brücken, jede

Stütze usw. Wenn hierbei eine Untersuchung auf Grund obenstehender Gleichungen gewöhnlich nicht erfolgt, so liegt das daran, daß gegenüber den Querschnitten die Normalkraft sehr klein oder bei kleineren Querschnitten die seitlichen Kräfte verhältnismäßig gering sind — also auf Grund der Erfahrung eine derartige Untersuchung unterbleiben kann. Anders ist es bei Stützen, welche neben lotrechter Last noch wesentliche seitliche Kräfte und Momente (z. B. bei Krankonsolen) aufzunehmen haben, oder ferner bei leichten Windverbandsdiagonalen von Brücken oder liegenden Druckstäben in räumlichen Fachwerken, denen verhältnismäßig geringe Axialkräfte zukommen, in denen aber außer ihrem Eigengewicht andere zufällige Lasten erhebliche Biegemomente hervorrufen können. Zu den in Frage stehenden Δ, d-Gleichungen, welche hier gemeinsam betrachtet werden sollen, gelangt man am schnellsten, wenn man in der bekannten Differentialgleichung

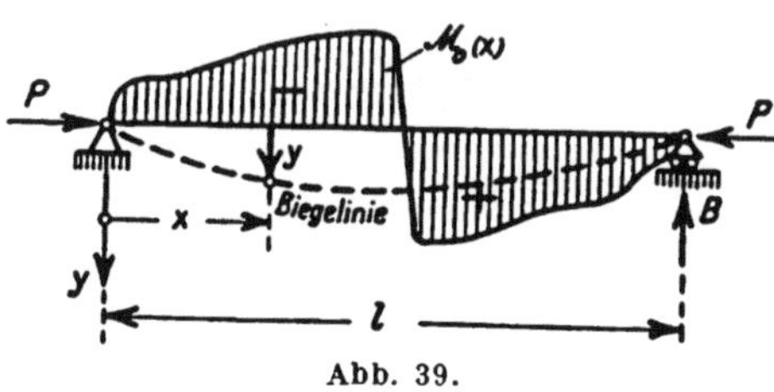

Abb. 39.

$$1)\qquad \frac{d^2 y}{d x^2} = -\frac{M}{EJ}$$

das Moment $M(x)$[1]) durch seine Werte ausdrückt. Es sei gesetzt

$$2)\qquad M(x) = M_0(x) + Py$$

und somit wird aus Gl. 1

$$3)\qquad \frac{d^2 y}{d x^2} = -\frac{M_0(x)}{EJ} - \frac{P}{EJ}\, y(x) = -m_0(x) - \lambda\, y,$$

wo also

$$m_0(x) = \frac{M_0(x)}{EJ} \text{ und } \frac{P}{EJ} = \lambda$$

gesetzt wurde.

Der Wert λ ist i. allg. veränderlich (bewegliche Stützlast, Kranfahren) und daher als Parameter aufgefaßt. Nun könnte man mit der rechten Seite als $\varphi(x)$ bzw. $\varphi(\xi)$ in Gl. 34 von § 4 eingehen, und es würde sich ergeben

$$4)\qquad \boxed{y(x) = \int_0^l G(x,\xi)\, m_0(\xi)\, d\xi + \lambda \int_0^l G(x,\xi)\, y(\xi)\, d\xi = y_0(x) + \lambda \int_0^l G(x,\xi)\, y(\xi)\, d\xi.}$$

[1]) $M_0(x)$ wird als bekannt vorausgesetzt und braucht an den Intervallenden nicht notwendig zu verschwinden, darf aber hier nicht von einer festen oder elastischen Einspannung herrühren.

Hierin kann das erste Integral ohne weiteres aufgelöst werden, ist also als eine bekannte Funktion zu betrachten und werde mit $y_0(x)$ bezeichnet. Es stellt diejenige Durchbiegung dar, welche entstehen würde, wenn die seitlichen Lasten allein zur Wirkung gelangten, die Druckkraft also gleich Null wäre. Das zweite Integral ist nicht ohne weiteres lösbar, denn es enthält in seinem Innern die unbekannte Funktion $y(x)$ selbst, und man erkennt somit in Gl. 4 eine Fredholmsche Integralgleichung zweiter Art. Die Auflösung kann allgemein nach E. Schmidt, Math. Annalen Bd. 63 oder auch, wie nachstehend gezeigt, erfolgen.

Eine angenäherte Lösung dieser Gleichung für Druckstäbe hat Kayser im Zentralblatt der Bauverwaltung 1910, S. 304, gegeben für den Fall, daß die seitliche Belastung konstant gleich q, die $M_0(x)$-Fläche also eine Parabel ist. Die nachstehende Untersuchung beschränkt sich auf konstante E und J, aber beliebige seitliche Belastung, und deren Folge sei beispielsweise die $M_0(x)$-Fläche in Abb. 39. Als Lösung wird erstrebt y durch eine Reihenentwicklung nach Eigenfunktionen zu bekommen. Vorerst jedoch sollen einige wichtige Dinge an Hand der entsprechenden Differenzengleichung betrachtet werden. Gl. 3 bzw. Gl. 2a von § 1 schreibt sich jetzt in der Form:

$$5)\qquad \frac{y_{\nu-1} - 2\,y_\nu + y_{\nu-1}}{\Delta x^2} + \lambda\, y_\nu = -\, m_0(\nu).$$

Nun soll der einfacheren Schreibweise wegen $\Delta x = a$ gesetzt und hiermit die ganze Gleichung durchmultipliziert werden, d. h. aus Gl. 5 wird

$$6)\qquad y_{\nu-1} - 2\,y_\nu + y_{\nu+1} + a^2 \frac{P}{EJ}\, y_\nu = -\, a^2 \cdot m_0(\nu).$$

Zur Vermeidung von Verwechslungen mit dem Schlankheitsgrad bei Druckstäben sei hier gesetzt

$$7)\qquad \frac{a^2 P}{EJ} = \varkappa$$

und damit ist die erstrebte einfachste Form der Differenzengleichung gefunden und lautet

$$8)\qquad y_{\nu-1} + (\varkappa - 2)\, y_\nu + y_{\nu+1} = -\, a^2 m_0(\nu).$$

Der Herleitung dieser Gleichung liegt eine Betrachtung über die Änderung der Tangente zugrunde. Bei den hier in Betracht kommenden Verhältnissen ist dieser Wert immer sehr klein und daher ist es erlaubt, die Tangente durch den Winkel τ selbst zu ersetzen und Gl. 1 in folgender Form zu schreiben

$$9)\qquad \frac{d^2 y}{d x^2} = \frac{d}{dx}\left(\frac{dy}{dx}\right) = \frac{d}{dx}(\operatorname{tg} \tau) \approx \frac{d\tau}{dx} \approx \frac{y_{\nu-1} - 2\,y_\nu + y_{\nu+1}}{\Delta x^2}.$$

Aus dieser Gleichung folgt eine anschauliche, geometrische Deutung für die Belastungsfunktion $\varphi(x)$ bzw. $\Phi(\nu)$, wenn $y(x)$ die Gleichung der Biegelinie bedeutet. In diesem Falle stellt also $\varphi(x)$ die Winkeländerung für die Längeneinheit bei einem biegungsfesten Stab und $\Phi(\nu)$ den gleichen Wert für den Querträgerabstand a bei einem Fachwerkbalken dar. Die Deutung der Belastungsfunktion $\varphi(x)$ als Winkeländerung ergibt außerdem ohne jede Schwierigkeit jenen bekannten Wert

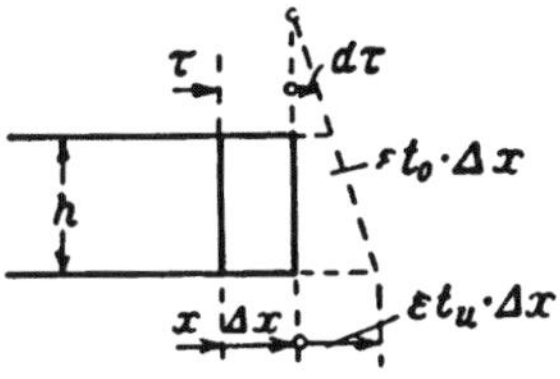

10) $$\varphi(x) = \frac{d\tau}{dx} = \frac{\varepsilon\,[t_u(x) - t_0(x)]}{h(x)},$$

Abb. 40.

welcher bei Temperaturänderungen einzuführen ist.

Gehorcht die Lastfunktion $\varphi(x)$ in verschiedenen Teilintervallen des Gebietes, in dem die Lösung einer d, Δ-Gleichung gesucht wird, verschiedenen Gesetzen, dann ist es für die zahlenmäßige Rechnung zweckmäßig, die rechte Seite in Gl. 8 bei linearem Belastungsgesetz zu ersetzen durch

11) $$B_\nu = a^2\,\frac{m_0(\nu - 1) + 4\,m_0(\nu) + m_0(\nu + 1)}{6}$$

und damit folgt statt Gl. 8 die für die Praxis zweckmäßige Grundgleichung:

12) $$y_{\nu-1} + (\varkappa - 2)\,y_\nu + y_{\nu+1} = -\,B_\nu.$$

Die Auflösung dieser Gleichung für ein bestimmtes $\varkappa$, welches jetzt als nur in P parametrisch aufgefaßt werden soll, und für gegebene B_ν, ist nach dem Vorhergehenden mit $\varrho = (\varkappa - 2)$ leicht möglich, und diese Lösung ist also auch eine genäherte Lösung der Integralgleichung 4. Schreibt man nun das Gleichungssystem 12, z. B. für $n = 3$ einmal ganz an, so folgt

13) $$\begin{cases} (\varkappa - 2)\,y_1 + y_2 = -\,B_1 \\ y_1 + (\varkappa - 2)\,y_2 + y_3 = -\,B_2 \\ y_2 + (\varkappa - 2)\,y_3 = -\,B_3 \end{cases}$$

und die Determinante dieses Systems lautet

14) $$D = \begin{vmatrix} (\varkappa - 2) & 1 & \\ 1 & (\varkappa - 2) & 1 \\ & 1 & (\varkappa - 2) \end{vmatrix} = (\varkappa - 2)\,[(\varkappa - 2)^2 - 2].$$

Diese Determinante, welche auch als Laplacesche Gleichung, Säkulargleichung oder auch als charakteristische Gleichung bezeichnet wird, ist hier bei $n = 3$ ein Polynom dritten Grades und allgemein bei beliebigem n ein Polynom n-Grades in bezug auf $\varkappa$ als Veränderliche. Daraus folgt also, daß D hier für drei Werte $\varkappa_{1,2,3}$ oder allgemein für

n-Werte $\varkappa_{1,2\ldots n}$ zu Null werden muß, d. h. also bei den Wurzeln der Gleichung $D=0$ und ferner, daß Gl. 13 nur für solche $\varkappa$ brauchbare Ergebnisse liefert, die von den besonderen $\varkappa_{1,2,3\ldots n}$ verschieden sind. Diesen Wurzeln $\varkappa_{1,2,3\ldots n}$ entsprechen die Knicklasten des Stabes, wie kurz gezeigt werden soll. Wie sehr leicht erkenntlich, hat Gl. 14 die Wurzeln, der Größe nach geordnet

$$\underline{\varkappa_1 = 2 - \sqrt{2} = 0{,}59} \qquad \underline{\varkappa_2 = 2} \qquad \underline{\varkappa_3 = 2 + \sqrt{2} = 3{,}41}.$$

Somit ergeben sich, da bei $n=3$ für $a=l/4$ zu setzen ist, gemäß Gl. 7 die Knicklasten

$$P_{cr\,1} = \frac{\varkappa_1 E J}{a^2} = \varkappa_1 \frac{16\,E J}{l^2} = 0{,}59 \cdot \frac{16\,E J}{l^2} = 9{,}45 \frac{E J}{l^2}$$

$$P_{cr\,2} = \varkappa_2 \frac{16\,E J}{l^2} = 2 \cdot \frac{16\,E J}{l^2} = 32 \frac{E J}{l^2}$$

$$P_{cr\,3} = \varkappa_3 \frac{16\,E J}{l^2} = 3{,}41 \cdot \frac{16\,E J}{l^2} = 54{,}5 \frac{E J}{l^2}.$$

Es sei gleich bemerkt, daß bei diesem relativ groß gewählten a nur $P_{cr\,1}$ mit dem als genauer angesehenen Eulerwert gut übereinstimmt, welcher bekanntlich $\frac{\pi^2 E J}{l^2} = 9{,}86 \frac{E J}{l^2}$ ist. Die beiden anderen Werte zeigen erhebliche Abweichungen nach unten, nämlich 32 an Stelle von 39,4 und 54,5 anstatt 88,8. Die hiermit errechneten Durchbiegungen dürften etwas zu groß erhalten werden (eine eingehendere rechnerische Nachprüfung erscheint noch angebracht), was der Sicherheit des Bauwerks zugute kommt und mit Rücksicht auf die bei kleineren Schlankheitsgraden zu günstigen Ergebnissen der Eulergleichung nicht unerwünscht ist. Setzt man in Gl. 14 $\varkappa - 2 = \varrho$, dann stimmt sie mit Gl. 33 von § 8 vollkommen überein, und demnach können die Gleichungen 31 bis 39 von § 8 zur Bestimmung von höheren Eigenwerten und Eigenfunktionen mit Vorteil benutzt werden. Nun würde Gl. 33 gleich Null gesetzt bedeuten, daß $\eta_1(4) = 0$ sein soll, d. h. man hätte also dann in $\eta_1(\nu)$ eine Lösung der homogenen Differenzengleichung (sämtliche $B_\nu = 0$), welche auch den Randbedingungen genügt. Dies ist nun hier für drei Werte $\varkappa_{1,2,3}$ allgemein also für n-Werte $\varkappa_{1,2\ldots n}$ möglich, und diese bestimmten Wurzelwerte $\varkappa_\nu$ nennt man im Gegensatz zu einem beliebigen $\varkappa$ die Eigenwerte des Randwertproblems und der Differenzengleichung; und entsprechend werden die mit diesen $\varkappa_\nu$ gebildeten Lösungen als Eigenlösungen oder Eigenfunktionen bezeichnet. Zusammenfassend folgt also, daß die inhomogene Gl. 12 dann endliche Lösungen hat, wenn die Determinante D (s. Gl. 14) von Null verschieden, die Druckkraft P also ungleich einer Knicklast ist. Wird aber $D=0$, dann hat die homogene Gl. 12 von Null verschiedene Lösungen. Genau würde bei $D \neq 0$ im Falle der homogenen Gleichung folgen, daß $y(\nu) \equiv 0$ sein müßte, was indessen durch die Beobachtungen nicht ganz bestätigt wird[1]). Da die Ergebnisse der Untersuchung, welche sich auf Gl. 3 stützt, im wesentlichen mit den vorstehenden übereinstimmen, so hat man auf diesem elementaren Wege bereits eine gute Übersicht über das ganze Problem erreicht. Die weiteren Untersuchungen knüpfen nun an die Gl. 3 wieder an, welche mit den vereinfachten Benennungen sich noch so schreiben läßt

15) $$\frac{d^2 y}{d x^2} + \lambda y + m_0(x) = 0.$$

Ihre Lösung gelingt hier durch Entwicklung von y und $m_0(x)$ in Reihen, welche nach Eigenfunktionen des homogenen Randwertproblems fortschreiten. Die allgemeine Lösung der homogenen Diff.-Gl. 15 (d. h. $m_0(x) \equiv 0$) ist bekanntlich

16) $$y(x) = c_1 \sin \sqrt{\lambda}\, x + c_2 \cos \sqrt{\lambda}\, x,$$

und diese reduziert sich wegen der Randbedingung $y(0) = 0$ auf

17) $$\underline{y(x) = c_1 \sin \sqrt{\lambda}\, x.}$$

Diese Gleichung erfüllt bei beliebigem λ (ausgenommen den Fall $c_2 = 0$) nur dann die verlangten Randbedingungen, wenn $y(x)$ identisch verschwindet, oder mit anderen Worten, bei beliebigem λ, welches ungleich einem Eigenwert λ_ν ist, hat die homogene Gl. 15 nur die einzige Lösung $y(x) \equiv 0$, was auch aus der Auflösung in Differenzenform Gl. 13 sehr anschaulich folgt. Ist c_1 von Null verschieden, dann hat die homogene Gl. 15 nur dann von Null verschiedene Lösungen, wenn λ jetzt so gewählt wird, daß Gl. 17 an den Rändern, d. h. hier noch bei $x = l$ verschwindet (s. Abb. 34), d. h. es muß sein

18) $$\sin \sqrt{\lambda} \cdot l = 0.$$

Daraus folgt als Bedingung für λ, daß es für beliebige ganzzahlige ν der Bedingung genügen muß

19) $$\sqrt{\lambda} \cdot l = \nu \pi \qquad (\nu = 1, 2 \ldots\ldots \infty).$$

Hier ist also λ von ν abhängig und wird deshalb in der Form geschrieben

20) $$\lambda_\nu = \frac{P_\nu}{E J} = \frac{\nu^2 \pi^2}{l^2}.$$

Die mit diesem λ_ν gebildeten, von Null verschiedenen Lösungen, die also jetzt der homogenen Diff.-Gleichung und den Randbedingungen

---

[1]) Vergleiche z. B. hierzu die grundlegenden Arbeiten von Engesser, Krohn, Zimmermann sowie Domke im Handbuch für Eisenbetonbau 1930 Bd. I S. 260; R. Mayer, Knickfestigkeit; Rein, Versuche im Stahlbau usw.

genügen, stellen die zu den Eigenwerten λ_ν gehörigen Eigenfunktionen $\psi_\nu(x)$ dar, und somit lautet die ν-Eigenfunktion, welche zu ihrer besonderen Kennzeichnung im nicht normierten Zustande mit $\psi_\nu(x)$ bezeichnet werden soll,

21) $$y_\nu(x) = c_\nu \psi_\nu(x) = c_\nu \sin^2 \frac{\nu\pi \cdot x}{l}.$$

Der Beiwert c_ν wird, lediglich aus Zweckmäßigkeitsgründen, so bestimmt, daß

22) $$c_\nu^2 \int_0^l \psi_\nu^2(x)\, d\, x = c_\nu^2 \int_0^l \sin^2 \frac{\nu\pi}{l} \cdot x\, d\, x = l^3$$

wird. Es folgt hieraus

23) $$c_\nu = \sqrt{\frac{l^3}{\int_0^l \sin^2 \frac{\nu\pi}{l}\, x\, d\, x}} = \sqrt{2} \cdot l.$$

Die mit diesem c_ν gebildete Lösung bezeichnet man als normierte Eigenfunktion und schreibt sie

24) $$\Phi_\nu(x) = c_\nu \psi_\nu(x) = \sqrt{2}\, l \cdot \sin \frac{\nu\pi}{l} \cdot x.$$

Die außer der Normierung charakteristische Eigenschaft der Orthogonalität der Eigenfunktionen[1]) macht es leicht, beliebige Funktionen nach ihnen zu entwickeln. Auf Grund dessen sei gesetzt für die unbekannte Funktion $y(x)$, wobei α_ν die zu bestimmenden Beiwerte bedeuten:

25) $$y\ (x) = \alpha_1 \Phi_1\ (x) + \alpha_2 \Phi_2\ (x) + \ldots\ldots + \alpha_\nu \Phi_\nu\ (x) + \ldots\ldots$$

26) $$y''(x) = \alpha_1 \Phi_1''(x) + \alpha_2 \Phi_2''(x) + \ldots\ldots + \alpha_\nu \Phi_\nu''(x) + \ldots\ldots$$

und ebenso werden $m_0(x)$ entwickelt, d. h. es sei

27) $$m_0(x) = \varkappa_1 \Phi_1(x) + \varkappa_2 \Phi_2(x) + \ldots\ldots \varkappa_\nu \Phi_\nu(x) + \ldots\ldots$$

Diese Werte $\varkappa_\nu$ kann man als bekannt voraussetzen, denn multipliziert man Gl. 27 mit $\Phi_\nu(x)\, d\, x$ und integriert von 0 bis l, dann ergibt sich sofort

28) $$\sqrt{2} \cdot l \int_0^l m_0(x) \sin \frac{\nu\pi}{l} \cdot x\, d\, x = \varkappa_\nu \int_0^l \Phi_\nu^2(x)\, d\, x = \varkappa_\nu\, l^3$$

---

[1]) D. h. für alle $\mu \neq \nu$ ist $\int_0^l \psi_\mu(x) \cdot \psi_\nu(x)\, d\, x = 0$.

und somit ist allgemein

29)
$$\varkappa_\nu = \frac{\sqrt{2}}{l^2} \int_0^l m_0(x) \sin \frac{\nu\pi}{l} \cdot x\, d\, x.$$

Trägt man die Werte für y, y'' und $m_0(x)$ in Gl. 15 ein, dann wird aus dieser

30)
$$\sum_{\nu=1}^{\infty} [\alpha_\nu \Phi_\nu''(x) + \alpha_\nu \lambda \Phi_\nu(x) + \varkappa_\nu \Phi_\nu(x)] = 0.$$

In dieser Gleichung stört das Glied mit $\Phi_\nu''(x)$, welches aber nach dem Vorhergehenden der Bedingung genügen muß.

31)
$$\Phi_\nu''(x) + \lambda_\nu \Phi_\nu(x) = 0$$

und deshalb ist

32)
$$\Phi_\nu''(x) = -\lambda_\nu \Phi_\nu(x).$$

Geht man hiermit in Gl. 30 ein, so wird aus dieser

33)
$$\sum_{\nu=1}^{\infty} [-\alpha_\nu(\lambda_\nu - \lambda) + \varkappa_\nu]\, \Phi_\nu(x) = 0.$$

Hier liegt eine Reihe vor, welche identisch verschwinden soll. Das ist aber bei $\Phi_\nu(x) \not\equiv 0$ nur dann der Fall, wenn die Koeffizienten verschwinden, und somit folgt der gesuchte Beiwert

34)
$$\alpha_\nu = \frac{\varkappa_\nu}{\lambda_\nu - \lambda}$$

und damit ist die Lösung gefunden zu

35)
$$y(x) = \sum_{\nu=1}^{\infty} \alpha_\nu \Phi_\nu(x) = \sqrt{2}\, l \left[\frac{\varkappa_1}{\lambda_1 - \lambda} \sin \frac{\pi}{l} x + \right.$$
$$\left. + \frac{\varkappa_2}{\lambda_2 - \lambda} \sin \frac{2\pi}{l} \cdot x + \ldots\ldots \frac{\varkappa_\nu}{\lambda_\nu - \lambda} \sin \frac{\nu\pi}{l} \cdot x + \ldots\ldots \right].$$

Trägt man in diese Gleichung für $\varkappa_\nu$, λ_ν und λ die oben angeschriebenen Werte ein, dann folgt schließlich, wenn noch zur Vermeidung von Versehen in dem Koeffizienten $\varkappa_\nu$ die Integrationsveränderliche statt durch x mit ξ bezeichnet wird

36)
$$y(x) = \frac{2}{l} \sum_{\nu=1}^{\infty} \frac{\int_0^l M_0(\xi) \sin \frac{\nu\pi}{l} \xi\, d\xi}{\nu^2 \frac{\pi^2 E J}{l^2} - P} \cdot \sin \frac{\nu\pi}{l} \cdot x.$$

In dem mit ν^2 fortschreitenden Term des Nenners erkennt man die Eulerschen Knicklasten R_ν, und daher läßt sich Gl. 86 auch so schreiben

$$37)\qquad y(x) = \frac{2}{l}\sum_{\nu=0}^{\infty} \frac{\int_0^l M_0(\xi)\sin\frac{\nu\pi}{l}\xi\,d\xi}{R_\nu - P}\cdot\sin\frac{\nu\pi}{l}x.$$

Mit der Angabe der Gl. 35—37 ist die Aufgabe grundsätzlich gelöst. Als besonderes Beispiel möge die erwähnte Näherungslösung von Kayser nachgerechnet werden. Zu diesem Zweck soll folgende Rekursionsformel angegeben werden, von der wiederholt Gebrauch gemacht wird und die sich auch bei Vianello-David: Eisenbau 1927, S. 55, Gl. 20, befindet. Danach ist (erweitert)

$$38)\qquad \int x^n \sin\frac{\nu\pi}{l}x\,dx = \left(\frac{l}{\nu\pi}\right)^{n+1}\left[-\left(\frac{\nu\pi x}{l}\right)^n\cos\frac{\nu\pi}{l}\cdot x + \right.$$
$$+ n\left(\frac{\nu\pi}{l}x\right)^{n-1}\cdot\sin\frac{\nu\pi}{l}x + n(n-1)\left(\frac{\nu\pi}{l}x\right)^{n-2}\cos\frac{\nu\pi}{l}x -$$
$$\left. - n(n-1)(n-2)\int\left(\frac{\nu\pi}{l}x\right)^{n-3}\cos\frac{\nu\pi}{l}x\,dx\right].$$

Der ν. Zähler z_ν des Koeffizienten in Gl. 36 lautet hier allgemein

$$39)\qquad z_\nu = \int_0^l M_0(\xi)\sin\frac{\nu\pi}{l}\xi\,d\xi = \frac{q}{2}\int_0^l (l\xi - \xi^2)\sin\frac{\nu\pi}{l}\xi\,d\xi$$

und darin wird gemäß Gl. 38

$$40)\qquad \int_0^l \xi\sin\frac{\nu\pi}{l}\xi\,d\xi = \left(\frac{l}{\nu\pi}\right)^2\left|-\frac{\nu\pi\cdot\xi}{l}\cos\frac{\nu\pi}{l}\xi + \sin\frac{\nu\pi}{l}\xi\right|_0^l = -\frac{l^2}{\nu\pi}\cos\nu\pi.$$

$$41)\qquad \int_0^l \xi^2\sin\frac{\nu\pi}{l}\xi\,d\xi = \left(\frac{l}{\nu\pi}\right)^3\left|-\left(\frac{\nu\pi}{l}\xi\right)^2\cos\frac{\nu\pi}{l}\xi + \right.$$
$$\left. + 2\frac{\nu\pi}{l}\cdot\sin\frac{\nu\pi}{l}\xi + 2\cos\frac{\nu\pi}{l}\xi\right|_0^l = \left(\frac{l}{\nu\pi}\right)^3[\cos\nu\pi(2-\nu^2\pi^2)-2].$$

Mit diesen Werten wird aus 39 für ein beliebiges ν

$$42)\qquad z_\nu = \frac{q}{2}\left[l\int_0^l \xi\sin\frac{\nu\pi}{l}\xi\,d\xi - \int_0^l \xi^2\sin\frac{\nu\pi}{l}\xi\,d\xi\right] = \frac{q\,l^3}{\pi^3}\,\frac{1-\cos\nu\pi}{\nu^3}.$$

Geht man mit diesem Wert in Gl. 36 ein, dann folgt für den seitlich mit q für die Längeneinheit und mit P gedrückten Stab, bei EJ = konst.

$$y(x) = \frac{2\,q\,l^2}{\pi^3} \sum_{\nu=1}^{\infty} \frac{1 - \cos \nu \pi}{\nu^3 \left[\frac{\nu^2 \pi^2 E J}{l^2} - P\right]} \cdot \sin \frac{\nu \pi}{l} \cdot x \tag{43}$$

oder ausgerechnet

$$y(x) = \frac{4\,q\,l^2}{\pi^3} \left[\frac{1}{\frac{\pi^2 E J}{l^2} - P} \sin \frac{\pi}{l} \cdot x + \right.$$

$$\left. + \frac{1}{3^3 \left[\frac{9\,\pi^2 E J}{l^2} - P\right]} \sin \frac{3\,\pi}{l} \cdot x + \ldots\ldots \right]. \tag{44}$$

Diese Reihe konvergiert sehr stark. Betrachtet man nur den ersten Term $y_1(x)$ und bestimmt damit die Durchbiegung in Stabmitte, dann folgt für diese

$$y_1\left(\frac{l}{2}\right) = f_1 = \frac{4\,p\,l^2}{\pi^3 (R_1 - P)}. \tag{45}$$

Nun ist $\frac{4}{\pi^3} = \frac{1}{7{,}75} \approx \frac{1}{8}$ und daraus folgt, daß in diesem besonderen Fall die von Kayser angegebene Lösung mit der theoretisch genaueren Lösung genügend genau übereinstimmt.

Die Gl. 36 gibt noch zu folgender Bemerkung Anlaß. Erreicht P im Nenner z. B. den Wert der ersten Eulerlast, so knickt der Stab aus. Hat man es nun in der Hand, durch Abänderung der Belastung $M_0(\xi)$ so abzuändern oder praktisch gesprochen, die Stütze seitlich so abzusteifen, daß

$$\int_0^l M_0(\xi) \sin \frac{\pi}{l} \cdot \xi \, d\xi = 0 \tag{46}$$

wird, dann kann man erwarten, daß der Druckstab bei Auftreten der ersten Knicklast noch stabil bleibt, man sagt dann, die Belastung, genauer die Biegemomente $M_0(x)$ und die erste Eigenfunktion stehen orthogonal aufeinander.

Der oben mit Gl. 36 angegebene Rechnungsgang ist praktisch etwas umständlich. Man wird bei komplizierten Fällen mit Gl. 13 wesentlich schneller zum Ziele kommen, wie in dem nachfolgenden Beispiel gezeigt werden soll. Ferner bietet die Differenzenrechnung noch leicht die Möglichkeit, die Veränderlichkeit des Trägheitsmomentes zu berücksichtigen, allerdings ergeben sich dann Gleichungen, bei denen das Diagonalglied nicht mehr konstant ist. Ferner dürfte hier auch noch mit Vorteil bei einfachen Momentenflächen die Methode von Ritz herangezogen werden können. Eine der vorstehenden nahestehende Untersuchung wurde von S. Timoschenko in der Festschrift zum 70. Geburtstag von A. Föppl, S. 74, gegeben unter dem Titel „Über die Biegung von Stäben, die eine kleine anfängliche Krümmung haben".

Beispiel zur Anwendung der Differenzengleichung 12 von § 9.

Es liege eine Hallenstütze vor, welche außer der gegebenen Axialkraft $P_1 = 20{,}0$ t noch eine Kranlast $P_2 = 40{,}0$ t sowie eine Bremskraft $H = 2{,}0$ t aufzunehmen hat. Das Trägheitsmoment der Stütze sei konstant und betrage $J = 22900$ cm⁴. Zur Vereinfachung der Untersuchung wird — nach erfolgter Ermittlung der von P_2 herrührenden $\mathfrak{M}(x)$-Fläche — angenommen, daß P_2 über die ganze Stablänge, also gemeinsam mit P_1 zur Wirkung kommt. Die sich ergebende Momentenfläche des einfachen Balkens ist in der Abb. 41 eingetragen ($\mathfrak{M}_\nu$ in tcm). Mit Rücksicht auf den Sprung in der Momentenfläche im Punkte 3 schreibt sich die Differenzengleichung zweckmäßig in folgender Form:

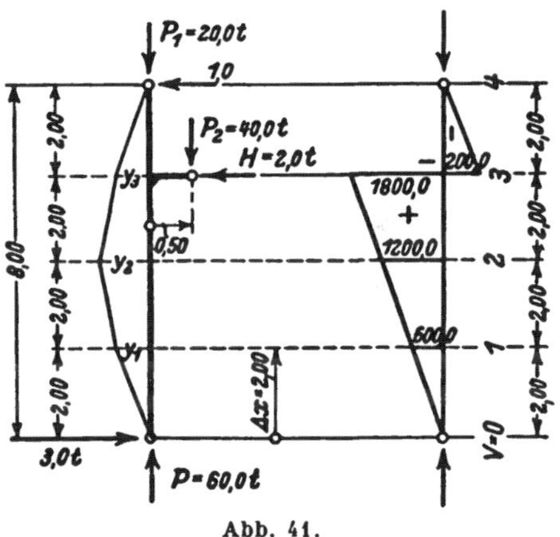

Abb. 41.

$$1)\qquad y_{\nu-1} + \varrho\, y_\nu + y_{\nu+1} = y_{\nu-1} + \left[\frac{(\Delta x)^2 P}{EJ} - 2\right] y_\nu + y_{\nu+1}$$

$$= -(\Delta x)^2 \cdot \frac{\mathfrak{M}_{\nu-1} + 2(\mathfrak{M}_{\nu l} + \mathfrak{M}_{\nu r}) + \mathfrak{M}_{\nu+1}}{6EJ}.$$

Es ist also hier

$$2)\qquad \varrho = \frac{200^2 \cdot 60000}{2100000 \cdot 22900} - 2 = -\underline{\underline{1{,}95}},$$

$$3)\qquad \frac{6EJ}{(\Delta x)^2} = \frac{6 \cdot 2100000 \cdot 22900}{200^2} = 7220000 \text{ kg} \cong 7200{,}0 \text{ t}.$$

Vollständig angeschrieben lautet also das Gleichungssystem unter Berücksichtigung der Randbedingungen $y(0) = y(4) = 0$

$$-1{,}95\, y_1 + y_2 = -\frac{4 \cdot 600 + 1200}{7200} = -0{,}50$$

$$y_1 - 1{,}95\, y_2 + y_3 = -\frac{600 + 4 \cdot 1200 + 1800}{7200} = -1{,}0$$

$$y_2 - 1{,}95\, y_3 = -\frac{1200 + 2(1800 - 200)}{7200} = -0{,}61.$$

Die Auflösung bietet keinerlei Schwierigkeit und kann auf vielerlei Wegen geschehen. Hier soll die reziproke Matrix, unter Benutzung der für beliebiges ϱ ermittelten ersten Partikularlösung $\eta_1(\nu)$ (s. Gl. 30 ff., § 8 und Anhang Tab. I), gefunden werden. Es ergibt sich der Reihe nach:

$$\eta_1(1) = 1; \quad \eta_1(2) = -\varrho = +1{,}95; \quad \eta_1(3) \approx 2{,}80; \quad \eta_1(4) = 3{,}515.$$

Hiermit unter Beachtung der Ergebnisse über die Vorzeichen (vgl. die Ermittlung von $\eta_1(\nu)$ für $\varrho = -2 \ldots$ § 7) findet sich leicht die nebenstehende r. M. und damit schließlich

	y_1	y_2	y_3
	2,80	1,95	1
$\frac{}{-3{,}515}$	1,95	3,80	1,95
	1	1,95	2,80

Abb. 42.

$$y_1 = \frac{0{,}50 \cdot 2{,}80 + 1{,}0 \cdot 1{,}95 + 0{,}61}{3{,}515} = 1{,}13 \text{ cm}$$

$$y_2 = \frac{0{,}50 \cdot 1{,}95 + 1{,}0 \cdot 3{,}80 + 0{,}61 \cdot 1{,}95}{3{,}515} = 1{,}70 \text{ cm}$$

$$y_3 = \frac{0{,}50 + 1{,}95 + 0{,}61 \cdot 2{,}80}{3{,}515} = 1{,}18 \text{ cm}.$$

Der Einfluß der Axiallasten zeigt sich in der Abweichung des Wertes $\varrho = \varkappa - 2$ von -2. Um diesen Einfluß zahlenmäßig zu studieren, sollen noch diejenigen Werte $y(\nu)$ angeschrieben werden, welche ohne Berücksichtigung der Achslasten im vorliegenden Falle entstehen würden. Mit Hilfe der dem Werte $\varrho = -2$ entsprechenden reziproken Matrix (vgl. Anhang, Zusammenstellung I) ergeben sich

$$y_{01} = 1{,}03, \quad y_{02} = 1{,}56 \text{ und } y_{03} = 1{,}08 \text{ cm},$$

d. h. der Einfluß der Axiallasten bewirkt — im vorliegenden Falle — eine Vergrößerung der Durchbiegung um etwa 10 vH.

Literaturverzeichnis.

1. Bleich-Melan, Die gewöhnlichen und partiellen Differenzengleichungen der Baustatik.
2. Bôcher, Methodes de Sturm.
3. Courant-Hilbert, Methoden der mathematischen Physik, I.
4. Funk, Die linearen Differenzengleichungen und ihre Anwendung in der Theorie der Baukonstruktionen.
5. Horn, Einführung in die Theorie der partiellen Differentialgleichungen.
6. Hort, Die Differentialgleichungen des Ingenieurs.
7. Kneser, Die Integralgleichungen und ihre Anwendungen in der mathematischen Physik.
8. Riemann-Weber-Mises, Die Differentialgleichungen der Physik.
9. Schaefer, Cl., Theoretische Physik, Bd. I.
10. Timoschenko, Vibration Problems in Engineering.
11. Vivanti, Lineare Integralgleichungen; Deutsch v. F. Schwank.
12. Wiarda, Integralgleichungen.

Anhang.

I. Zusammenstellung der Werte der Partikularlösungen $\eta_1(\nu)$ für verschiedene Werte von ϱ.

ν	$\varrho = -2$	$\varrho = +2$	$\varrho = +4$	ϱ beliebig	Bemerkung
1	$+1$	$+1$	$+1$	$+1$	Die allgemeinen Werte für ϱ können zur Lösung von Eigenwertproblemen herangezogen werden.
2	$+2$	-2	-4	$-\varrho$	
3	$+3$	$+3$	$+15$	$+\varrho^2 - 1$	
4	$+4$	-4	-56	$+2\varrho - \varrho^3$	
5	$+5$	$+5$	$+209$	$1 - 3\varrho^2 + \varrho^4$	
6	$+6$	-6	-780	$-3\varrho + 4\varrho^3 - \varrho^5$	
7	$+7$	$+7$	$+2911$	$-1 + 6\varrho^2 - 5\varrho^4 + \varrho^6$	
8	$+8$	-8	$-10\,864$	$+4\varrho - 10\varrho^3 + 6\varrho^5 - \varrho^7$	
9	$+9$	$+9$	$+40\,545$	$+1 - 10\varrho^2 + 15\varrho^4 - 7\varrho^6 + \varrho^8$	
10	$+10$	-10	$-151\,316$	$-5\varrho + 20\varrho^3 - 21\varrho^5 + 8\varrho^7 - \varrho^9$	

II. Werte der reziproken Matrix für $\varrho = 4$ und $n = 2, 3, 4, 5$.

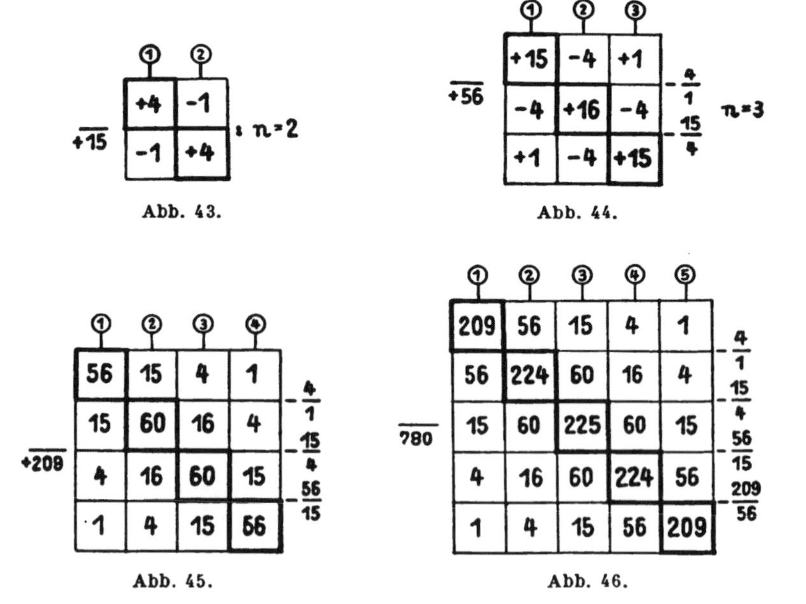

Abb. 43. Abb. 44.

Abb. 45. Abb. 46.

III. Werte der reziproken Matrix für $\varrho = -2$ und $n = 9$. $(n + 1) = 10$.

(Entspringt einer Aufteilung des Grundgebietes in 10 gleiche Teile.)

	①	②	③	④	⑤	⑥	⑦	⑧	⑨
	9	8	7	6	5	4	3	2	1
	8	16	14	12	10	8	6	4	2
	7	14	21	18	15	12	9	6	3
	6	12	18	24	20	16	12	8	4
$\overline{-10}$	5	10	15	20	25	18	15	10	5
	4	8	12	16	20	24	18	12	6
	3	6	9	12	15	18	21	14	7
	2	4	6	8	10	12	14	16	8
	1	2	3	4	5	6	7	8	9

Abb. 47.

IV. Lösungen der Diff.-Gl. $\frac{d^2u}{dx^2} = -p(x)$ für häufig vorkommende Lastfunktionen $p(x)$, wobei $u(x)$ den Randbedingungen $u(0) = u(l) = 0$ genügt.

Vgl. hierzu: Beyer, Eisenbetonbau, Bd. II, S. 92, Domke im Handbuch für Eisenbetonbau, Bd. I, 1929, S. 490, Müller-Breslau: Die Graphische Statik der Baukonstruktionen, Bd. II 1, 2; Pohl (s. bei David Perl, Praktischer Eisenbetonbau, S. 458) sowie Schadek v. Degenburg u. Demel, Hilfsmittel zur einfachen Berechnung von Formänderungen und von statisch unbestimmten Trägern.

Bemerkung: Die nachstehend durchgeführte Zerlegung von $u(x)$ bzw. $u'(x)$ in zwei Faktoren erweist sich als zweckmäßig bei der Berechnung von Brücken in Kurven.

a) Werte der gesuchten Funktion $u(x)$ [Momente oder Biegelinie].

1	2	3	4	5
1	$\eta(x,\xi)$; x,ζ; ξ; $x=\zeta\cdot l$; l	$u(x)=\int_0^l \eta(x,\xi)\,p(\xi)\,d\xi$ $o \leq x \leq l$	$u(x)$ in Parameterform, wobei $x=\zeta l$ gesetzt ist $o \leq \zeta \leq 1$	Bezeichnung von Müller-Breslau
2	$p(\xi)=p$	$u(x)=p\,\frac{x(l-x)}{2}=\frac{p\,l^2}{2}\left(\frac{x}{l}-\frac{x^2}{l^2}\right)$	$u(\zeta l)=\frac{p\,l^2}{2}\underbrace{(\zeta-\zeta^2)}_{\omega_R}$	$u(\zeta l)=\boxed{\frac{p\,l^2}{2}\omega_R}$
3	$p(\xi)$; p_r; $x=\zeta l$	$u(x)=\frac{p_r l^2}{6}\left(\frac{x}{l}-\frac{x^3}{l^3}\right)$ $=\boxed{\frac{p_r l^2}{2}\left(\frac{x}{l}-\frac{x^2}{l^2}\right)}\cdot\left\{\frac{l+x}{3\cdot l}\right\}$	$u(\zeta l)=\frac{p_r l^2}{6}(\zeta-\zeta^3)$ $=\boxed{\frac{p_r l^2}{2}(\zeta-\zeta^2)}\cdot\left\{\frac{1+\zeta}{3}\right\}$	$u(\zeta l)=\frac{p_r l^2}{6}\omega_D$ $=\boxed{\frac{p_r l^2}{2}\omega_R}\cdot\left\{\frac{1+\zeta}{3}\right\}$
4	p_i	$u(x)=\frac{p_i l^2}{6}\left(\frac{2x}{l}-\frac{3x^2}{l^2}+\frac{x^3}{l^3}\right)$ $=\boxed{\frac{p_i l^2}{2}\left(\frac{x}{l}-\frac{x^2}{l^2}\right)}\cdot\left\{\frac{2l-x}{3l}\right\}$	$u(\zeta l)=\frac{p_i l^2}{6}(2\zeta-3\zeta^2+\zeta^3)$ $=\boxed{\frac{p_i l^2}{2}(\zeta-\zeta^2)}\cdot\left\{\frac{2-\zeta}{3}\right\}$	$u(\zeta l)=\frac{p_i l^2}{6}\omega_D{}'$ $=\boxed{\frac{p_i l^2}{2}\omega_R}\cdot\left\{\frac{2-\zeta}{3}\right\}$
5	p_i; $p(\xi)$; p_r	$u(x)=\frac{l^2}{6}\left[(2p_i+p_r)\frac{x}{l}-3p_i\frac{x^2}{l^2}+(p_i-p_r)\frac{x^3}{l^3}\right]$ $=\frac{x(l-x)}{6l}[(2p_i+p_r)\,l+(p_r-p_i)\,x]$	$u(\zeta l)=\frac{l^2}{6}[(2p_i+p_r)\zeta-3p_i\zeta^2+$ $+(p_i-p_r)\zeta^3]$ $=\frac{l^2}{6}\{\zeta(1-\zeta)[(2p_i-p_r)+$ $+(p_r-p_i)\zeta]\}$	In diesem Lastfalle sind alle die Lastfälle mit beliebigem p_i u. p_r dann enthalten, wenn $p(\xi)$ eine lineare Funktion ist.
6	p_i; +; −; p_r	Für **b e l i e b i g e** p_i bzw. p_r folgen die Ergebnisse unter Berücksichtigung der Vorzeichen für p_i bzw. p_r aus den Gleichungen unter 4.		

1	2	3	4	5
7	Sonderfall $p_r = -p_l = -p$ p + − p 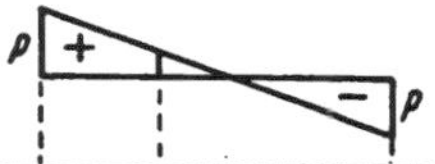	$u(x)=\frac{p}{6l}[x(l-x)(l-2x)]=\frac{pl^2}{6}\left[\frac{x}{l}-\frac{3x^2}{l^2}+\frac{2x^3}{l^3}\right]$ $=\boxed{\frac{pl^2}{2}\left(\frac{x}{l}-\frac{x^2}{l^2}\right)}\cdot\left\{\frac{l-2x}{3l}\right\}$	$u(\zeta l)=\frac{pl^2}{6}[\zeta-3\zeta^2+2\zeta^3]=\frac{pl^2}{6}[1-3\zeta+2\zeta^2]\zeta$ $=\boxed{\frac{pl^2}{2}\omega_R}\cdot\left\{\frac{1-2\zeta}{3}\right\}$	
8	 f $p(\xi)$ Gleichung der Lastfunktion: $p(\xi)=\frac{4f}{l^2}(l\xi-\xi^2)$	$u(x)=\frac{f}{3l^2}[l^3x-2lx^3+x^4]=\frac{fl^2}{3}\left[\frac{x}{l}-\frac{2x^3}{l^3}+\frac{x^4}{l^4}\right]$ $=\boxed{\frac{fl^2}{2}\left(\frac{x}{l}-\frac{x^2}{l^2}\right)}\cdot\left\{\frac{2}{3}\left(1+\frac{x}{l}-\frac{x^2}{l^2}\right)\right\}$	$u(\zeta l)=\frac{fl^2}{3}[\zeta-2\zeta^3+\zeta^4]$ $=\boxed{\frac{fl^2}{2}\omega_R}\cdot\left\{\frac{2}{3}(1+\zeta-\zeta^2)\right\}$	$u(\zeta l)=\frac{fl^2}{3}\cdot\omega_R''$ $=\boxed{\frac{fl^2}{2}\omega_R}\left\{\frac{2}{3}(1+\omega_R)\right\}$
9	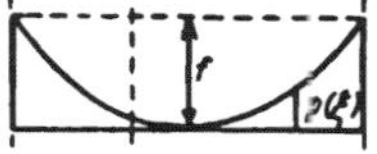 f $p(\xi)$ Lastfunktion $p(\xi)=f-y(\xi)=\frac{f(l-2\xi)^2}{l^2}$	$u(x)=\frac{fl^2}{6}\left[\frac{x}{l}-\frac{3x^2}{l^2}+\frac{4x^3}{l^3}-\frac{2x^4}{l^4}\right]$ $=\boxed{\frac{fl^2}{2}\left(\frac{x}{l}-\frac{x^2}{l^2}\right)}\cdot\left\{\frac{1}{3}\left(1-\frac{2x}{l}+\frac{2x^2}{l^2}\right)\right\}$	$u(\zeta l)=\frac{fl^2}{6}[\zeta-3\zeta^2+4\zeta^3-2\zeta^4]$ $=\boxed{\frac{fl^2}{2}\omega_R}\cdot\left\{\frac{1-2\zeta(1-\zeta)}{3}\right\}$	
10	 p_r $p(\xi)=\frac{\xi^2}{l^2}p_r$	$u(x)=\frac{p_rl^2}{12}\left(\frac{x}{l}-\frac{x^4}{l^4}\right)$ $=\boxed{\frac{p_rl^2}{2}\left(\frac{x}{l}-\frac{x^2}{l^2}\right)}\cdot\left\{\frac{x^2+l\cdot x+l^2}{6l^2}\right\}$	$u(\zeta l)=\boxed{\frac{p_rl^2}{2}\omega_R}\cdot\left\{\frac{1+\zeta+\zeta^2}{6}\right\}$	
11	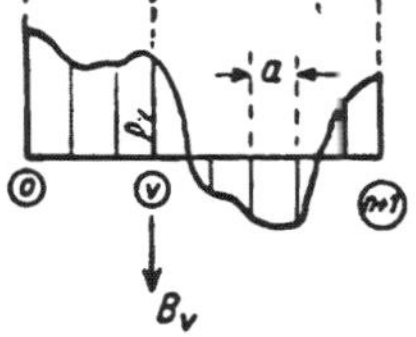 a p_ν 0 ν $n+1$ B_ν $n+1$ = gerade Zahl	Bei beliebigem Belastungsgesetz erhält man gute Näherungslösungen nach dem in § 9 bei Gl. 11 angegebenen Verfahren. Die Differentialgleichung wird ersetzt durch die entsprechende Differenzengleichung und für die Belastungsglieder B_ν folgt a) bei linearer oder linearisierter Belastungsfunktion $\varphi(x)$ $B_\nu=a^2\frac{p_{\nu-1}+4p_\nu+p_{\nu+1}}{6}$ b) bei beliebigem $\varphi(x)$, wo $\varphi(x)$ Kurve höherer Ordnung $B_\nu=a^2\frac{p_{\nu-1}+10p_\nu+p_{\nu+1}}{12}$	$B_0=a^2\frac{2p_0+p_1}{6}$ $B_0=\frac{a^2}{2}\,\frac{7p_0+6p_1-p_2}{12}$	

b) Wert der Ableitung $\frac{du}{dx}$ (Querkräfte) bei Vollbelastung.

1	2	3	4
12	$\frac{\partial \eta(x,\xi)}{\partial x}$; x,ξ; $x=\zeta l$; l	$\frac{du}{dx} = \int_0^l \frac{\partial \eta(x,\xi)}{\partial x} p(\xi)\, d\xi$ $0 \leq x, \xi \leq l$	$\frac{du}{dx}$ in Parameterform, wobei $x = \zeta l$ gesetzt ist $0 \leq \zeta \leq 1$
13	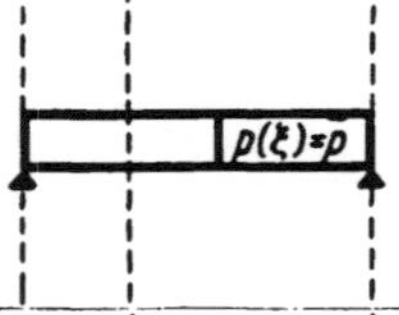 $p(\xi)=p$	$\frac{du}{dx} = p\,\frac{l-2x}{2}$	$\frac{du}{d(\zeta l)} = p \cdot l\,\frac{1-2\zeta}{2}$
14	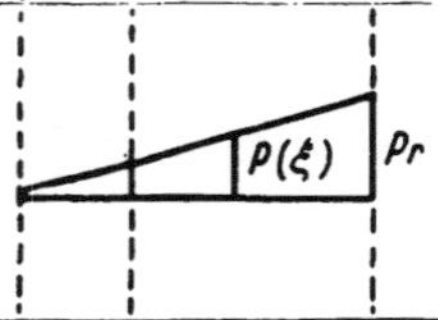 $p(\xi)$; p_r	$\frac{du}{dx} = \frac{p_r}{6l}(l^2 - 3x^2)$	$\frac{du}{d(\zeta l)} = p_r l\,\frac{1-3\zeta^2}{6}$
15	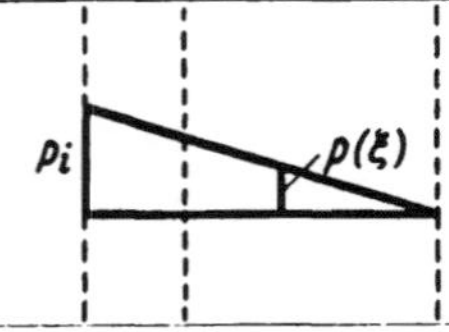 p_i; $p(\xi)$	$\frac{du}{dx} = \frac{p_i}{6l}[2l^2 - 6lx + 3x^2]$	$\frac{du}{d(\zeta l)} = p_i l\,\frac{2-6\zeta+3\zeta^2}{6}$
16	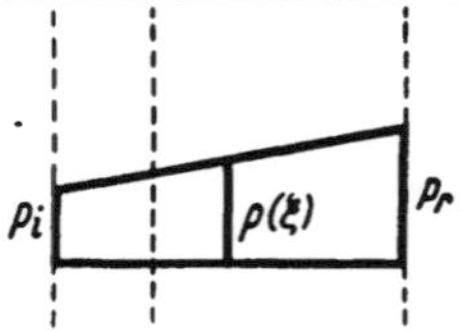 p_i; $p(\xi)$; p_r	$\frac{du}{dx} = \frac{1}{6l}[(2p_i + p_r)l^2 - 6p_i l x + 3(p_i - p_r)x^2]$ $= \frac{l}{6}[(2p_i + p_r) - 6p_i\zeta + 3(p_i - p_r)\zeta^2]$	

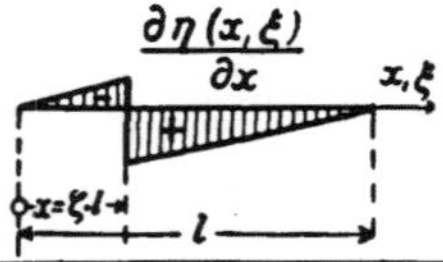

1	2	3	4
17	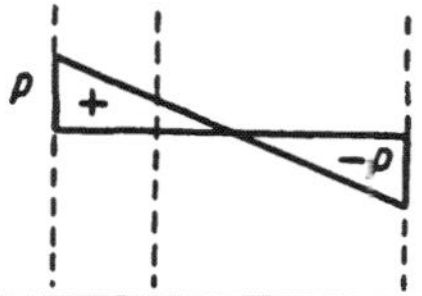 p, $+$, $-p$	$\frac{du}{dx} = \frac{p}{6l}[l^2 - 6lx + 3x^2]$	$\frac{du}{d(\zeta l)} = \frac{pl}{6}[1 - 6\zeta + 3\zeta^2]$
18	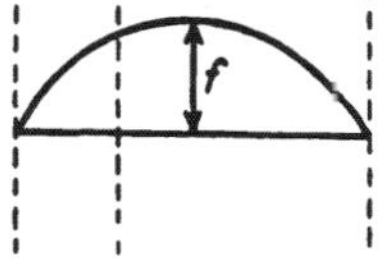 f	$\frac{du}{dx} = \frac{f}{3l^2}[l^3 - 6lx^2 + 4x^3]$	$\frac{du}{d(\zeta l)} = \frac{f \cdot l}{3}[1 - 6\zeta^2 + 4\zeta^3]$
19	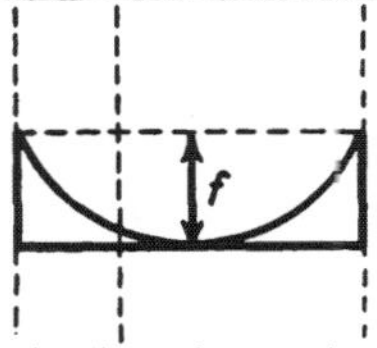 f	$\frac{du}{dx} = \frac{f}{6l^2}[l^3 - 6l^2x + 12lx^2 + 8x^3]$	$\frac{du}{d(\zeta l)} = \frac{f \cdot l}{6}[1 - 6\zeta + 12\zeta^2 + 8\zeta^3]$
20	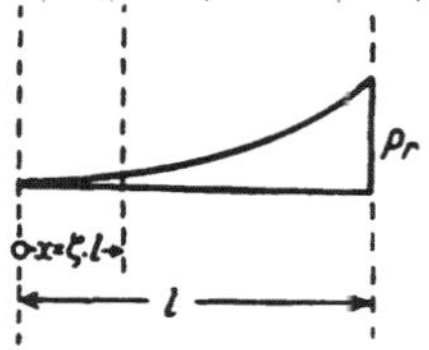 p_r, $x = \zeta \cdot l$, l	$\frac{du}{dx} = \frac{p_r}{12l^2}[l^3 - 4x^3]$	$\frac{du}{d(\zeta l)} = \frac{p_r l}{12}[1 - 4\zeta^3]$

c) Wert der Ableitung $\frac{du}{dx}$, (Querkräfte) bei Teilbelastung $x \leq \xi \leq l$

1	2	3	4
21	$\frac{\partial \eta(x,\xi)}{\partial x} = \frac{l-\xi}{l}$; $x = \zeta \cdot l$; l	$\frac{du}{dx} = \int_x^l \frac{\partial \eta(x,\xi)}{\partial x} p(\xi)\, d\xi = \int_x^l \frac{(l-\xi)}{l} \cdot p(\xi)\, d\xi$ $0 \leq x \leq l$ ‖ $x \leq \xi \leq l$	$\frac{du}{dx}$ in Parameterform; $x = \zeta \cdot l$, gesetzt.
22	$p(\xi) = p$; ξ	$\frac{du}{dx} = p \frac{(l-x)^2}{2l}$	$\frac{du}{d(\zeta l)} = p \cdot l \frac{(1-\zeta)^2}{2}$
23	$p(\xi)$; p_r	$\frac{du}{dx} = \frac{p_r}{6l^2}[l^3 - 3lx^2 + 2x^3]$ $= \boxed{\frac{p_r(l-x)^2}{2l}} \cdot \left\{\frac{l+2x}{3l}\right\}$	$\frac{du}{d(\zeta l)} = \frac{p_r l}{6}[1 - 3\zeta^2 + 2\zeta^3]$ $= \boxed{p_r l \frac{(1-\zeta)^2}{2}} \cdot \left\{\frac{1+2\zeta}{3}\right\}$
24	p_i; $p(\xi)$	$\frac{du}{dx} = \frac{p_i(l-x)^3}{3l^2}$ $= \boxed{\frac{p_i(l-x)^2}{2l}} \cdot \left\{\frac{2(l-x)}{3l}\right\}$	$\frac{du}{d(\zeta l)} = \frac{p_i l}{3}(1-\zeta)^3$ $= \boxed{p_i l \frac{(1-\zeta)^2}{2}} \cdot \left\{\frac{2(1-\zeta)}{3}\right\}$
25	p_i; $p(\xi)$; p_r	$\frac{du}{dx} = \frac{2p_i(l-x)^3 + p_r[l^3 - x^2(3l-2x)]}{6l^2}$ $= \frac{p_i l}{3}(1-\zeta)^3 + \frac{p_r l}{6}[1 - \zeta^2(3-2\zeta)]$	

1	2	3	4
26	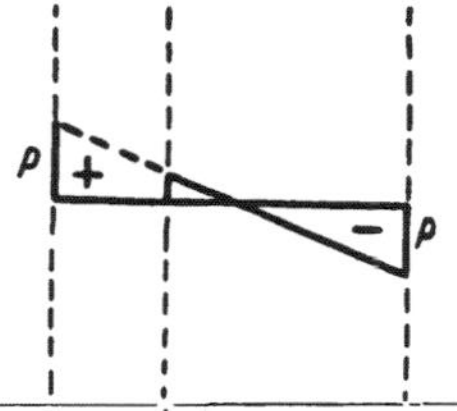	$\frac{du}{dx} = \frac{p}{6\,l^2}(l-x)^2(l-4\,x)$ $= \boxed{\frac{p\,(l-x)^2}{2\,l}} \cdot \left\{\frac{l-4\,x}{3\,l}\right\}$	$\frac{du}{d(\zeta l)} = \frac{p\,l}{6}(1-\zeta)^2(1-4\,\zeta)$ $= \boxed{p\,l\frac{(1-\zeta)^2}{2}} \cdot \left\{\frac{1-4\,\zeta}{3}\right\}$
27	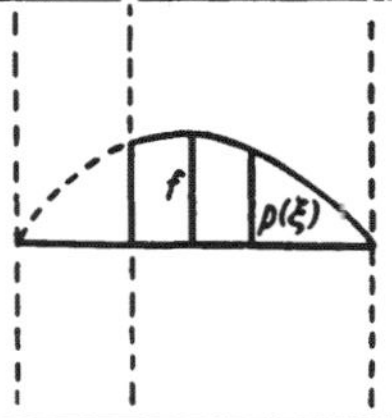	$\frac{du}{dx} = \frac{f}{3\,l^3}(l-x)^2(l^2+2\,l\,x-3\,x^2)$ $= \boxed{\frac{f\,(l-x)^2}{2\,l}} \cdot \left\{\frac{2\,(l^2+2\,lx-3\,x^2)}{3\,l^2}\right\}$	$\frac{du}{d(\zeta l)} = \frac{f\,l}{3}(1-\zeta)^2(1+2\,\zeta-3\,\zeta^2)$ $= \boxed{f\cdot l\frac{(1-\zeta)^2}{2}} \cdot \left\{\frac{2(1+2\,\zeta-3\,\zeta^2)}{3}\right\}$
28	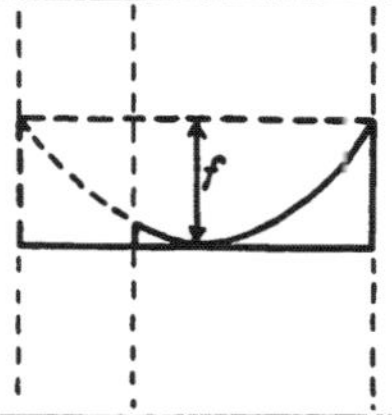	$\frac{du}{dx} = \frac{f}{6\,l^3}(l-x)^2(l^2-4\,l\,x+6\,x^2)$ $= \boxed{\frac{f\,(l-x)^2}{2\,l}} \cdot \left\{\frac{l^2-4\,l\,x+6\,x^2}{3\,l^2}\right\}$	$\frac{du}{d(\zeta l)} = \frac{f\cdot l}{6}(1-\zeta)^2(1-4\,\zeta+6\,\zeta^2)$ $= \boxed{\frac{f\,l\,(1-\zeta)^2}{2}} \cdot \left\{\frac{1-4\,\zeta+6\,\zeta^2}{3}\right\}$
29	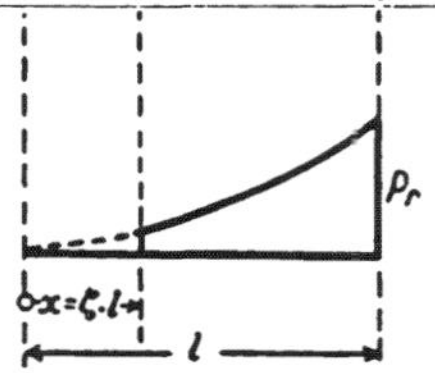	$\frac{du}{dx} = \frac{p_r}{12}\,\frac{(l^4-4\,l\,x^3+3\,x^4)}{l^3}$ $= \boxed{\frac{p_r\,(l-x)^2}{2\,l}} \cdot \left\{\frac{3\,x^2+2\,l\,x+l^2}{6\,l^2}\right\}$	$\frac{du}{d(\zeta l)} = \frac{p_r l}{12}[1-4\,\zeta^3+3\,\zeta^4]$ $\frac{du}{d(\zeta l)} = \boxed{\frac{p_r l\,(1-\zeta)^2}{2}} \cdot \left\{\frac{1+2\,\zeta+3\,\zeta^2}{6}\right\}$

Printed and bound by CPI Group (UK) Ltd, Croydon, CR0 4YY

15/07/2026

14922144-0001